普通高等院校机电工程类规划教材

互换性与测量技术基础

（第2版）

张秀娟　主编

清华大学出版社
北京

内 容 简 介

书中采用最新国家标准,结合应用实例,重点介绍了基本概念和标准的应用,较全面地介绍了机械测量技术几何量的各种误差检测方法和原理。本书涵盖了互换性与标准化、圆柱体结合尺寸精度互换性、形位公差与检测、公差原则、表面粗糙度与检测、技术测量基础知识、渐开线圆柱齿轮的精度设计、尺寸链等内容。每章后附练习题,在各章中均有解题所需的公差表格,以方便教学和读者自学。

本书适用于高等院校机械类、机电类、材料类、仪器仪表类等专业使用,也可供有关工程技术人员参考。

图书在版编目(CIP)数据

互换性与测量技术基础/张秀娟主编. —2 版. —北京:清华大学出版社,2018(2023.8 重印)
(普通高等院校机电工程类规划教材)
ISBN 978-7-302-50261-6

Ⅰ. ①互… Ⅱ. ①张… Ⅲ. ①零部件－互换性－高等学校－教材 ②零部件－测量技术－高等学校－教材 Ⅳ. ①TG801

中国版本图书馆 CIP 数据核字(2018)第 100609 号

责任编辑:许　龙
封面设计:傅瑞学
责任校对:刘玉霞
责任印制:宋　林

出版发行:清华大学出版社
　　　　网　　　址:http://www.tup.com.cn, http://www.wqbook.com
　　　　地　　　址:北京清华大学学研大厦 A 座　　　　　　邮　　编:100084
　　　　社 总 机:010-83470000　　　　　　　　　　　　　邮　　购:010-62786544
　　　　投稿与读者服务:010-62776969,c-service@tup.tsinghua.edu.cn
　　　　质量反馈:010-62772015,zhiliang@tup.tsinghua.edu.cn
印 装 者:北京鑫海金澳胶印有限公司
经　　销:全国新华书店
开　　本:185mm×260mm　　印　张:11　　　　　　　　　字　　数:271 千字
版　　次:2013 年 7 月第 1 版　　2018 年 5 月第 2 版　　　印　　次:2023 年 8 月第 6 次印刷
定　　价:36.00 元

产品编号:077459-03

前　言

　　"互换性与测量技术基础"课程是机械类等专业的一门重要的技术基础课。本书是按照国家的最新标准,参考现已出版的同类教材,融入编者多年的教学实践经验编写而成。

　　本书在内容安排和叙述方式上,紧密结合教学大纲,把重点放在互换性的基础理论和基本知识方面。为突出几何量标准的特点、选用及图样标准,本书给出了应用示例和习题,以便做到理论联系实际,学以致用。同时,为了提供以后的课程设计、毕业设计所必需的参考资料,本书对渐开线圆柱齿轮的精度设计内容也作了简单介绍。

　　本书由大连交通大学张秀娟教授主编,在编写过程中,得到了袁颖、杨洋、李海涛、谷春晓、戴世栋、佟小佳、孙宏伟、王发锋等研究生同学的帮助,在此表示感谢。

　　由于编者的水平有限,加之时间紧迫,书中难免存在许多疏漏和不足之处,敬请广大读者批评指正。

作　者

2018 年 1 月

目　　录

第1章 互换性与标准化

本章主要介绍互换性的起源、含义、重要意义和分类,并介绍了标准、标准化和优先数系,主要涉及以下国家标准的有关内容。

GB/T 20000.1—2014　标准化工作指南　第1部分:标准化和相关活动的通用术语

GB/T 321—2005　优先数与优先数系

1.1　互换性概述

1. 互换性的起源

互换性原理始于兵器制造。在中国,早在战国时期(公元前 476—前 222 年)生产的兵器就符合互换性要求。西安秦始皇陵兵马俑坑出土的大量弩机的组成零件都具有互换性。这些零件是青铜制品,其中方头圆柱销和销孔已能保证一定的间隙配合。

18 世纪初,美国批量生产的火枪实现了零件互换。随着织布机、缝纫机和自行车等新机械产品的大批量生产需要,又出现了高精度工具和机床,促使互换性生产由军火工业迅速扩大到一般机械制造业。现在,互换性的应用就更加广泛和丰富了。

2. 互换性的含义

互换性(interchangeability)是指在相同规格的一批零件或部件中,能够彼此互相替换使用的性能。具有这种性质的零部件,称其具有互换性。例如,汽车、拖拉机、缝纫机、自行车和仪器仪表的零件都是按照互换性要求生产的。在使用中,当有些零件(如活塞、曲轴、轴承等)损坏而需要更换时,它们不需任何钳工修配即可进行装配,而且能完全满足使用要求,这样的一些零件称为具有互换性的零件。在现代生产中,互换性已成为一个被普遍遵循的原则。互换性对机器的制造、设计和使用都具有十分重要的意义。

(1) 在设备使用时,容易保证其运转的连续性和持久性,从而提高设备的使用价值。若机械设备上的零部件具有互换性,一旦某一零部件损坏,就可以方便地选用另一个新备件替换,保证机器连续运转。在某些情况下,互换性所起的作用难以用经济价值衡量。例如,在电厂、消防、军用设备中,必须采用具有互换性的零部件,以保证机械设备连续持久运转。

(2) 在制造时,同一台设备的各个零部件可以分散在多个工厂同时加工。这样,每个工厂由于产品单一、批量较大,有利于采用高效率的专用设备或采用计算机辅助制造,容易实现优质、高产、低耗,生产周期也会显著缩短。

(3) 在产品装配时,由于零部件具有互换性,使装配作业顺利,易于实现流水作业或自动化装配,从而缩短装配周期,提高装配作业质量。

(4) 在产品设计时,由于尽量多地采用具有互换性的标准零部件,将大大简化绘图、计算等设计工作量,也便于采用计算机辅助设计,缩短设计周期。

(5) 在机械设备的管理上,无论是技术和物资供应,还是计划管理,零部件具有互换性将便于实行科学化管理。

3. 互换性的分类

按照互换性的形式和程度不同,可把互换性分为完全互换性(complete interchangeability)与不完全互换性(incomplete interchangeability)两类。

1) 完全互换性

完全互换性是指同种零、部件加工完成后,不需经任何选择、调整或修配等辅助处理,便可顺利装配,并在功能上达到使用性能要求。在大批生产中,往往采用具有完全互换性的零件,如常见的螺栓、螺母、滚动轴承等标准件。

完全互换性的优点是做到零、部件的完全互换、通用,为专业化生产和相互协作创造了条件,简化了修整工作,从而提高经济性。其主要缺点是当组成产品的零件较多、整机精度要求较高时,按此原则分配到每一个零件上的公差必然较小,造成加工制造困难和制造成本增高。

2) 不完全互换性

不完全互换性是指同种零、部件加工完成后,在装配前需经过选择、分组、调整或修配等辅助处理,才可顺利装配,在功能上达到使用性能要求。在不完全互换性中,按实现的方法不同又可分为以下三种。

(1) 分组互换

分组互换是指同种零、部件加工后,在装配前首先需要进行检测分组,然后按组进行装配,大孔配大轴,小孔配小轴。仅同组的零、部件可以互换,组与组之间的零、部件不能互换。在实际生产中,滚动轴承内、外圈滚道与滚动体的结合(见图1.1(a)),活塞销与活塞销孔(见图1.1(b)),连杆孔的结合(见图1.1(c)),就是按分组互换装配的。

(a)　　　　　　　　　(b)　　　　　　　　　(c)

图 1.1　分组互换

(2) 调整互换

调整互换是指同种零、部件加工后,在装配时需要用调整的方法改变它在部件或机构中的尺寸或位置,方能满足功能要求的。如图1.2所示,燕尾导轨中的调整镶条,在装配时要沿导轨移动方向调整它的位置,方可满足间隙的要求。

（3）修配互换

修配互换是指同种零、部件加工后，在装配时要用去除材料的方法改变它的某一实际尺寸的大小，方能满足功能上的要求。如图 1.3 所示，普通车床尾座部件中的垫板，在装配时要对其厚度再进行修磨，方可满足普通车床头架与尾架顶尖中心等高的精度要求。

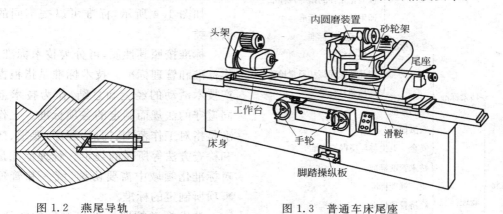

图 1.2　燕尾导轨　　　　　　　　　　　　图 1.3　普通车床尾座

不完全互换性的优点是在保证装配、配合功能要求的前提下，能适当放宽制造公差，使得加工容易、降低零件制造成本。装配时，通过采用上述的一些措施，便能获得质量较高的产品。其主要缺点是降低了互换性水平，不利于部件和机器的装配维修。

综上所述，进行机械产品设计，给组成零件规定公差时，只要能方便采用完全互换性原则生产的，都应遵循完全互换性原则设计。当产品结构较复杂，装配要求又较高，同时用完全互换性原则有困难且不经济时，在局部范围内可以采用不完全互换性原则。其中，分组互换只用于批量较大的产品，结构中要求使用精度较高的那些结合件。修配互换一般只用在单件或小批生产的产品上。而调整互换应用比较广泛，随批量不同而选择具体的结构，其中可调整补偿件通常是容易磨损并经常要求保持在较小范围变化的环节。

1.2　标准化与优先数系

1. 标准与标准化的含义

在国标《标准化工作指南　第 1 部分：标准化和相关活动的通用术语》（GB/T 20000.1—2014）中，把"标准"（standard）定义为：对重复性事物和概念所做的统一规定。"标准"即是一种"规定"，它的制定是以科学、技术和实践经验的综合成果为基础，经有关方面协商一致，由主管机构批准，以特定形式发布，作为共同遵守的准则和依据。"标准化"（standardization）的定义是：在经济、技术、科学及管理等社会实践中，对重复性事物和概念通过制定、发布和实施标准，达到统一，以获得最佳秩序和社会效益。制定"标准"是"标准化"中的一项工作。

1）标准化的意义

当今，任何产品的组成零件都可以在不同车间、不同工厂、不同地区乃至不同国家生产和协作完成。如阿波罗宇宙飞船，据统计，参加研制的单位、公司有两万多家，大学和研究所120 多所，涉及 42 万人次。显然，每项产品在生产过程中都要依赖各方面的工作人员以及有关企业，提供技术、原料、动力、设备、配件、协作件和工具等的支持，否则，生产就会中断。

生产越发展,生产的社会化程度越高,企业之间的联系就越密切。为使各个独立的、分散的工作者、工业部门或工厂企业之间保持必要的技术协调和统一,必须有一种手段,这就是"标准化"。为达到上述目的,关键的工作是加强标准化与质量管理。

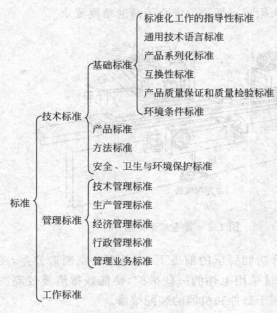

图 1.4　标准分类

2) 标准的分类

如图 1.4 所示,标准可以按不同的方法分类。

标准按照其性质,可分为技术标准、工作标准和管理标准。技术标准是指根据生产技术活动的经验和总结,作为技术上共同遵守的法规而制定的各项标准。工作标准是指对工作范围、构成、程序、要求、效果和检查方法等所做的规定。管理标准是指对标准化领域中需要协调、统一和管理的事项所制定的标准。

技术标准按照标准化对象的特征,可分为基础标准、产品标准、方法标准和安全、卫生与环境保护标准。基础标准是以标准化共性要求和前提条件为对象的标准,它是为了保证产品的结构、功能和制造质量而制定的、一般工程技术人员必须采用的通用性标准,也是制定其他标准时可依据的标准。产品标准是指为保证产品的适用性而对产品必须达到的某些或全部要求所制定的标准。方法标准是指以试验、检查、分析、抽样、统计、计算、测定、作业等各种方法为对象而制定的标准。安全、卫生与环境保护标准是以保护人和物的安全为目的而制定的标准。

2. 优先数和优先数系

1) 优先数系的由来

在生产中,当选定一个数值作为某种产品的参数指标时,这个数值就会按一定的规律向一切相关的制品、材料等的有关参数指标传播扩散,这就是优先数(preferred number)和优先数系(series of preferred number)。如图 1.5 所示,当螺钉的公称直径数值确定后,不仅会传播到安装螺钉的螺孔的相应参数上,而且必然会传播到加工和检验的刀具(钻头、丝锥)、量具(螺纹塞规)及防松零件(垫圈)等的相应参数上。这种技术参数的传播在生产实践中是极为普遍的现象,既发生在相同量值之间,也发生在不同量值之间,并且跨越行业和部门的界限。这种情况可称为数值的横向传播。

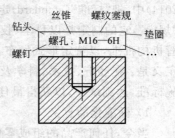

图 1.5　数值传播

2) 对数系的要求

如前所述,在工业生产中需要用统一的数系协调各部门的生产。对各种技术参数分级,已成为现代工业生产的需要。因此,对数系有下列要求:①彼此相关,疏密适当;②能两端延伸和中间插入;③两相邻数的相对差为定值;④积商后仍为数系中的数;⑤十进制。

从表 1.1 中可以看出,等差数列两相邻数的相对差不为定值,并且圆面积 $A=(\pi/4)d^2$ 展开后是一个多项式。而几何级数两相邻数的相对差为定值,圆面积 $A=(\pi/4)d^2q$,仍可能为数列中的数。这样的运算具有封闭性,能够实现更为广泛的数值统一。所以,工程上的主要技术参数,若按十进制几何级数分级,经过数值传播后,与其相关的其他量值也有可能按同样的数值规律分级。这是建立优先数系的依据。

表 1.1　两数列比较

数列	例　子	相　对　差	$A=(\pi/4)d^2$
等差数列	$1,2,3,4,\cdots,10,11,\cdots$	$(2-1)/1\times100\%=100\%$ $(11-10)/10\times100\%=10\%$	$A=\pi/4(d+1)^2$
等比数列	$1,q,q^2,q^3,\cdots,q^{n-1},q^n,\cdots$	$(q^n-q^{n-1})/q^{n-1}\times100\%$ $=(q-1)\times100\%$	$A=(\pi/4)d^2$

3) 优先数系

优先数系起源于 1877 年,为了减少热气球的绳索种类,法国人雷诺(C. Renard)按等比数列分级,将 425 种绳索规格整理简化为 17 种。故后人以他的名字命名优先数系,分别写作 R5,R10,R20,R40 和 R80 系列。

(1) 基本系列

先考察一几何级数: $\cdots,aq^0,aq^1,aq^2,aq^3,aq^4,aq^5,\cdots,aq^n,\cdots$,现要求在这个级数中建立一个数系,该数系每隔 5 项数值增加 10 倍:

即令 $aq^5=10aq^0$,又令 $a=1$,所以 $q_5=\sqrt[5]{10}\approx1.6$。由此得一公比为 $q_5=\sqrt[5]{10}$ 的等比数列: $1,1.6,2.5,4.0,6.3,10$。这个数列称为 R5 系列。

又令 $aq^{10}=10aq^0$,即该数系每隔 10 项数值增加 10 倍,令 $a=1$,所以 $q_{10}=\sqrt[10]{10}\approx1.25$,又得一数列: $1,1.25,1.6,2.00,2.5,3.15,4.00,5.00,6.30,8.00,10$,这个数列称为 R10 系列。同理可得公比为 $q_{20}=\sqrt[20]{10}\approx1.12$ 和公比为 $q_{40}=\sqrt[40]{10}\approx1.06$ 的 R20 和 R40 数系。国标《标准化工作指南　第 1 部分:标准化和相关活动的通用术语》(GB/T 20000.1—2014)中规定:R5、R10、R20、R40 这 4 个系列,是优先数系中的常用系列,称为基本系列。该系列各项数值如表 1.2 所示。

(2) 补充系列

R80 系列称为补充系列。公比 $q_{80}=\sqrt[80]{10}\approx1.03$,其代号表示方法与基本系列相同。以上是国标《优先数与优先数系》(GB/T 321—2005)中规定的 5 种优先数系。

(3) 变形系列

变形系列主要有三种:派生系列、移位系列和复合系列。

① 派生系列

派生系列是从基本系列或补充系列 Rr 中(其中 $r=5,10,20,40,80$),每隔 p 项取值导出的系列,即从每相邻的连续 p 项中取一项形成的等比系列。派生系列的代号表示方法如下:

系列无限定范围时,应指明系列中含有的一个项值,但是如果系列中含有项值 1,可简写为 Rr/p。例如,R10/3 表示系列为 $\cdots,1,2,4,8,16,\cdots$;又例如,R10/3(…80…)表示含有项值 80 并向两端无限延伸的派生系列。

表 1.2　优先数的基本数列(摘自 GB/T 321—2005)

基本系数(常用值)				计算值	基本系数(常用值)				计算值
R5	R10	R20	R40		R5	R10	R20	R40	
1.00	1.00	1.00	1.00	1.0000	2.50	3.15	3.15	3.15	3.1623
			1.06	1.0593				3.35	3.3497
		1.12	1.12	1.1220			3.55	3.55	3.5481
			1.18	1.1885				3.75	3.7594
	1.25	1.25	1.25	1.2589	4.00	4.00	4.00	4.00	3.9811
			1.32	1.3335				4.25	4.2170
		1.40	1.40	1.4125			4.50	4.50	4.4668
			1.50	1.4962				4.75	4.7315
1.60	1.60	1.60	1.60	1.5849		5.00	5.00	5.00	5.0119
			1.70	1.6788				5.30	5.3088
		1.80	1.80	1.7783			5.60	5.60	5.6234
			1.90	1.8836				6.00	5.9566
	2.00	2.00	2.00	1.9953	6.30	6.30	6.30	6.30	6.3096
			2.12	2.1135				6.70	6.6834
		2.24	2.24	2.2387			7.10	7.10	7.0795
			2.36	2.3714				7.50	7.4989
2.50	2.50	2.50	2.50	2.5119		8.00	8.00	8.00	7.9433
			2.65	2.6007				8.50	8.4140
		2.80	2.80	2.8184			9.00	9.00	8.9125
			3.00	3.0854				9.50	9.4406
					10.00	10.00	10.00	10.00	10.0000

系列有限定范围时,应注明界限值,例如,R20/4(112…)表示以 112 为下限的派生系列;R40/5(…60)表示以 60 为上限的派生系列;R5/2(1…10 000)表示以 1 为下限和 10 000 为上限的派生系列。

派生系列的公比为: $q_{r/p} = \left(\sqrt[r]{10} \right)^{p}$ 。

例如,派生系列 R10/3,它的公比 $q_{10/3} = \left(\sqrt[10]{10} \right)^{3} \approx 2$ 。首先,写出 R10 系列如下:

<u>1</u>,1.25,1.6,<u>2.00</u>,2.5,3.15,<u>4.00</u>,5.00,6.30,<u>8.00</u>,10

由于第一项是 1,所以 R10/3 系列:1,2.00,4.00,8.00,…。同理,可以得出 R10/3(1.25…)系列:1.25,2.50,5.00,10.00,…。

② 移位系列

移位系列也是一种派生系列,它的公比与某一基本系列相同,但项值与该基本系列不同。例如,项值从 2.58 开始的 R80/8 系列,是项值从 2.50 开始的 R10 系列的移位系列:

R80/8:2.58,3.25,4.12,…

R10:2.5,3.15,4.00,…

则 R80/8 系列为 R10 系列的移位系列,其公比与 R10 系列相同。

③ 复合系列

复合系列是指由几个公比不同的系列组合而成的变形系列,或以某一系列为主,从中删去个别数值,而加入邻近系列的数值形成的系列。亦即从一个系列或多个系列中取值。例如,10,16,25,35.5,47.5,63,80,100 即为一复合系列。其中 10,16,25 为 R5 系列;25,35.5 为 R20/3 系列;35.5,47.5,63 为 R40/5 系列;63,80,100 为 R10 系列。如 0.6～3600 kW 感应电动机系列也为一复合系列。

4) 优先数系的应用

(1) 在一切标准化领域中应尽可能采用优先数系

优先数系不仅应用于标准的制定,且在技术改造设计、工艺、实验、老产品整顿简化等诸多方面都应加以推广,尤其在新产品设计中,要遵循优先数系。

(2) 区别对待各个参数采用优先数系的要求

基本参数、重要参数是在数值传播上最原始或涉及面最广的参数,应尽可能采用优先数系。对其他各种参数,除非由于运算上的原因或其他特殊原因,不能为优先数(例如两个优先数的和或差不再为优先数)以外,原则上都宜采用优先数。

(3) 按"先疏后密"的顺序选用优先数系

对自变量参数尽可能选用单一的基本系列,选择的优先顺序是:R5、R10、R20、R40。只有在基本系列不能满足要求时,才采用公比不同、由几段组成的复合系列;如果基本系列中没有合适的公比,也可用派生系列,并尽可能选用包含项值 1 的派生系列。对于复合系列和派生系列,也应按先疏后密的顺序选用。

1.3　零件的误差及公差

1. 公差与误差

任何一台机器中的零件都是按一定的工艺过程、通过加工所得到的。由于加工设备与工艺方法的不完善,不可能做到零件的尺寸和形状都绝对符合理想状态,设计参数与实际参数之间总是有误差(error)的。为了保证零件的使用性能及制造的经济性,设计时必须合理地提出几何精度要求,即规定公差值,把加工误差(processing error)限制在允许的范围内。

2. 加工误差

在加工的过程中,必然会产生误差,只要误差的大小不影响机器的使用性能,可以允许存在一定的误差,加工误差分类如下。

1) 尺寸误差

尺寸误差(size error)是指加工后一批零件的实际尺寸相对于理想尺寸的偏差范围,如直径误差、长度误差等。当加工条件一定时,尺寸误差表征了该加工方法的精度。如图 1.6 所示,某轴的实际尺寸为 ϕ49.960mm,则此轴的尺寸误差为 -0.040mm。

2) 形状误差

形状误差(form error)是指零件上几何要素的实际形状对其理想形状的偏离量。如图 1.7 所示的圆度误差、直线度误差等。它是从整个形体来看在形状方面存在的误差,故又称为宏观几何形状误差。

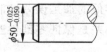

图 1.6　尺寸误差

3) 位置误差

位置误差(position error)是指零件上几何要素的实际位置对其理想位置的偏离量。如图 1.8 所示的垂直度误差。

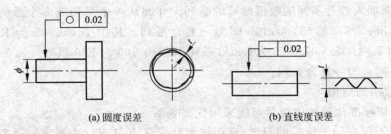

(a) 圆度误差　　　　　　　　　　　　(b) 直线度误差

图 1.7　形状误差

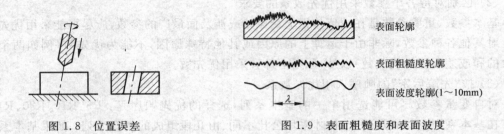

图 1.8　位置误差　　　　　　　　图 1.9　表面粗糙度和表面波度

4) 表面粗糙度

表面粗糙度(surface roughness)是指加工表面上具有的较小间距和峰谷所组成的微观几何特性,如图 1.9 所示。其特点是具有微小的波形,又称为微观几何形状误差。

5) 表面波度

表面波度(surface waviness)是指介于宏观和微观几何形状误差之间的一种表面形状误差,如图 1.9 所示。其特点是峰谷和间距要比表面粗糙度大得多,并且在零件表面呈周期性变化。通常认为波距在 1~10mm 范围的表面形状误差属于表面波度。

上述各项误差,统称为几何参数误差。

3. 公差

公差(tolerance)是指图纸规定的零件几何参数的允许变动量。如图 1.6 所示,某轴的公差值为 0.025mm。公差是用来控制误差的,当实际零件的误差在公差范围内时,零件为合格件;反之,当实际零件的误差超出了公差范围,零件为不合格件。

4. 公差与误差的区别和联系

误差是在零件加工过程中产生的,它是随机变量;公差是设计人员给定的,用于限制误差的合格范围。由于误差产生的原因及其对零件使用性能的影响不同,所以在精度设计时,规定公差的原则和方法也不同。公差控制误差。误差直接产生于生产实践中。只有当一批零件的加工误差控制在产品性能所允许的变动范围内时,才能使零部件具有互换性。可见,公差是保证零部件互换性的基本条件。

习　　题

1.1　什么是互换性? 互换性有哪些优点?

1.2　试分析零件的加工误差与公差的关系。

1.3　按优先数的基本系列确定优先数。

(1) 第一个数为 10,按 R5 系列确定后 5 项优先数。

(2) 第一个数为 100,按 R10/3 系列确定后三项优先数。

1.4　试写出 R10 优先数系从 1~100 的全部优先数(常用值)。

1.5　普通螺纹公差自三级精度开始其公差等级系数为 0.50,0.63,0.80,1.00,1.25,1.60,2.00。它们属于优先数系中的哪一种? 其公比是多少?

第2章 圆柱体结合尺寸精度互换性

圆柱体结合是机械制造中应用最广泛的一种结合,为了便于研究,将其简化为孔与轴的结合。这种结合的互换性主要由结合直径与结合长度两个几何尺寸决定,但由于长径比可规定在一定范围内(例如,长度与直径之比等于 1.5 左右),而且从使用要求看,直径通常更为重要。此外,圆柱体结合也适用于广泛意义上的轴与孔,即结合中由单一尺寸组成的部分,如键结合中的键与键槽的结合等。因此,本章按直径这一重要参数来考虑圆柱体结合的互换性。

本章主要阐述公差与配合国家标准的组成规律、特点及基本内容,并分析公差与配合选用的原则与方法,以及对常用尺寸段(至 500mm)孔、轴公差与配合的具体规定,主要涉及以下标准的有关内容。

GB/T 1800.1—2009 产品几何量技术规范(GPS) 极限与配合 第1部分:公差、偏差和配合的基础

GB/T 1800.2—2009 产品几何量技术规范(GPS) 极限与配合 第2部分:标准公差等级和孔、轴极限偏差

GB/T 1801—2009 产品几何量技术规范(GPS) 极限与配合 公差带和配合的选择

GB/T 1803—2003 极限与配合 尺寸至 18mm 孔、轴公差带

GB/T 275—2015 滚动轴承 配合

GB/T 11365—1989 锥齿轮和准双曲面齿轮精度

GB/T 1804—2000 一般公差 未注公差的线性和角度尺寸的公差

2.1 公差与配合的基本术语及定义

1. 孔和轴的术语和定义

1) 孔

孔(hole)是指圆柱形内表面,也包括由两个平行平面或平行切面形成的非圆柱形内表面及其他内表面,其尺寸用 D 表示。

2) 轴

轴(shaft)是指圆柱形外表面,也包括由两个平行平面或平行切面形成的非圆柱形外表面及其他外表面,其尺寸用 d 表示。

如图 2.1(a)所示,从装配关系来讲,孔表面为包容面(尺寸之间无材料),在加工过程中,孔尺寸越加工越大;如图 2.1(b)所示,轴表面是被包容面(尺寸之间有材料),轴尺寸越加工越小。如图 2.1(c)所示,从测量方法看,测量孔用游标卡尺内卡脚,测量轴用游标卡尺外卡脚。

2. 有关尺寸的术语和定义

1) 尺寸

尺寸(size)是用特定单位表示长度值的数字。特定单位为毫米(mm),在图样上标注尺

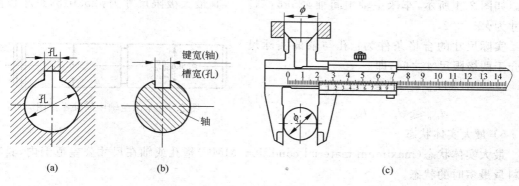

图 2.1   孔和轴的定义

寸时,可将特定单位(mm)省略,仅标注数值。但是,当以其他单位表示尺寸时,则应注明相应的长度单位。

2)基本尺寸

基本尺寸(basic size)是设计给定的尺寸。孔用 D 表示,轴用 d 表示,长度用 L 表示。基本尺寸是设计零件时,根据使用要求,通过刚度、强度计算或结构等方面的考虑,并按标准直径或标准长度圆整后所给定的尺寸。它是计算极限尺寸和极限偏差的起始尺寸。孔、轴配合的基本尺寸相同。基本尺寸可以是一个整数或者是一个小数值。如图 2.2 所示,齿轮衬套零件图中的直径 $\phi 25$、$\phi 32$ 和长度 30 都是基本尺寸。

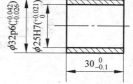

图 2.2   齿轮衬套零件图

3)实际尺寸

如图 2.3 所示,实际尺寸(actual size)是通过测量获得的尺寸。孔的实际尺寸用 D_a 表示,轴的实际尺寸用 d_a 表示,长度的实际尺寸用 L_a 表示。由于存在测量误差,所以实际尺寸并非尺寸的真值。同时,由于形状误差等影响,零件同一表面不同部位的实际尺寸往往是不相等的。实际尺寸通常采用两点法测量。

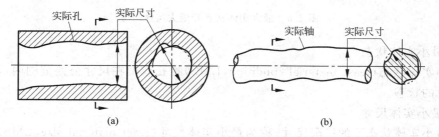

图 2.3   实际尺寸

4)极限尺寸

极限尺寸(limits of size)是指允许尺寸变化的两个极限值。两个极限尺寸中较大的一个称为最大极限尺寸;较小的一个称为最小极限尺寸。孔和轴的最大极限尺寸分别采用 D_{max} 和 d_{max} 表示;孔和轴的最小极限尺寸分别采用 D_{min} 和 d_{min} 表示。零件的实际尺寸通常介于它的最大极限尺寸和最小极限尺寸之间,也可以等于它的最大极限尺寸和最小极限尺寸。如图 2.4 所示,车床主轴中间轴 $\phi25\text{k}6(^{+0.015}_{+0.002})$,其最大极限尺寸为 $\phi25.015$,最小极限尺寸为 $\phi25.002$。

实际尺寸的合格条件为:孔与轴的实际尺寸介于两极限尺寸之间,即

$$\left.\begin{array}{l} D_{\min} \leqslant D_{\text{a}} \leqslant D_{\max} \\ d_{\min} \leqslant d_{\text{a}} \leqslant d_{\max} \end{array}\right\} \qquad (2.1)$$

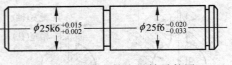

图 2.4　车床主轴中间轴零件图

5) 最大实体状态

最大实体状态(maximum material condition,MMC)指孔或轴在尺寸公差范围内,具有材料量最多时的状态。

6) 最大实体尺寸

在最大实体状态下的极限尺寸,称为最大实体尺寸(maximum material size,MMS),它是孔的最小极限尺寸和轴的最大极限尺寸的统称。孔和轴的最大实体尺寸分别采用 D_{M} 和 d_{M} 表示,且有 $D_{\text{M}} = D_{\min}$ 和 $d_{\text{M}} = d_{\max}$。如图 2.5 所示,轴 $\phi20(^{\ 0}_{-0.05})$ 的最大实体尺寸为 $\phi20$,而孔 $\phi20(^{+0.05}_{\ 0})$ 的最大实体尺寸为 $\phi20$。

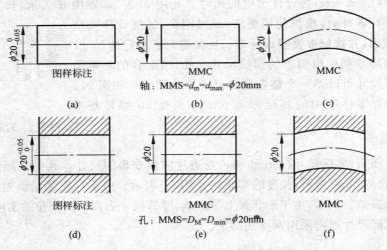

图 2.5　最大实体状态和最大实体尺寸

7) 最小实体状态

最小实体状态(least material condition,LMC)指孔或轴在尺寸公差范围内,具有材料量最少时的状态。

8) 最小实体尺寸

在最小实体状态下的极限尺寸,称为最小实体尺寸(least material size,LMS),它是孔的最大极限尺寸和轴的最小极限尺寸的统称。孔和轴的最小实体尺寸分别采用 D_{L} 和 d_{L} 表示,且有 $D_{\text{L}} = D_{\max}$ 和 $d_{\text{L}} = d_{\min}$。如图 2.6 所示,轴 $\phi20(^{\ 0}_{-0.05})$ 的最小实体尺寸为 $\phi19.95$,而孔 $\phi20(^{+0.05}_{\ 0})$ 的最小实体尺寸为 $\phi20.05$。

9) 体外作用尺寸

体外作用尺寸(external function size,EFS)指在被测要素的给定长度上,与实际内表面(孔)体外相接的最大理想面或与实际外表面(轴)体外相接的最小理想面的直径(宽度)。

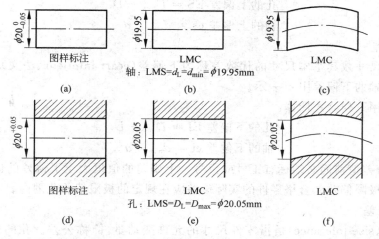

轴：LMS=d_L=$d_{min}$$\phi$19.95mm

孔：LMS=D_L=D_{max}=ϕ20.05mm

图 2.6　最小实体状态和最小实体尺寸

如图 2.7 所示，对于单一要素，孔和轴的体外作用尺寸可以分别用 D_{fe} 和 d_{fe} 表示，它是实际尺寸（D_a 和 d_a）和形位误差（$f_{形位}$）作用的结果，即

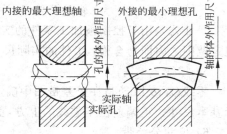

$$D_{fe} = D_a - f_{形位} \qquad (2.2)$$
$$d_{fe} = d_a + f_{形位} \qquad (2.3)$$

孔和轴的体外作用尺寸如图 2.7 所示，它们是零件实际存在的，装配时实际起作用的零件尺寸。当工件存在形位误差时，孔的体外作用尺寸小于其实际尺寸，轴的体外作用尺寸大于其实际尺寸。一个实际孔或实际轴可能有很多个大小不同的实际尺寸，所以体外作用尺寸有多个数值，是一个随机变量。

图 2.7　单一要素体外作用尺寸标注

3. 有关偏差与公差的术语和定义

1）尺寸偏差

尺寸偏差（size deviation），简称偏差，是指某一个尺寸减其基本尺寸所得的代数差。偏差可以为正值、负值或零。

2）实际偏差

零件的实际尺寸减其基本尺寸的代数差称为实际偏差（actual deviation）。

$$孔的实际偏差 E_a = D_a - D \qquad (2.4)$$
$$轴的实际偏差 e_a = d_a - d \qquad (2.5)$$

3）极限偏差

极限尺寸减去它的基本尺寸所得的代数差称为极限偏差（limit deviation）。

（1）上偏差

最大极限尺寸减其基本尺寸的代数差称为上偏差（ecart superieur（法文））。孔的上偏差用 ES 表示，轴的上偏差用 es 表示。

上偏差可用下列公式计算：

$$孔的上偏差 ES = D_{max} - D \qquad (2.6)$$
$$轴的上偏差 es = d_{max} - d \qquad (2.7)$$

（2）下偏差

最小极限尺寸减其基本尺寸的代数差称为下偏差（ecart interieur（法文））。孔的下偏差用 EI 表示，轴的下偏差用 ei 表示。

下偏差可用下列公式计算：

$$孔的下偏差 EI = D_{min} - D \qquad (2.8)$$
$$轴的下偏差 ei = d_{min} - d \qquad (2.9)$$

除零外，偏差值前面必须标有正号或负号。上偏差的值恒大于下偏差的值。上偏差和下偏差统称为极限偏差。合格零件的实际偏差应在规定的极限偏差范围内。

4）尺寸公差

尺寸公差（size tolerance）是指零件尺寸的允许变动量，简称公差。孔的公差用 T_D 表示，轴的公差用 T_d 表示。公差等于最大极限尺寸与最小极限尺寸的代数差的绝对值；也等于上偏差与下偏差的代数差的绝对值。公差、极限尺寸、极限偏差的关系如下：

$$孔的公差 T_D = |D_{max} - D_{min}| = |ES - EI| \qquad (2.10)$$
$$轴的公差 T_d = |d_{max} - d_{min}| = |es - ei| \qquad (2.11)$$

尺寸公差用于控制被加工零件的实际尺寸变动范围，工件的实际尺寸变动范围在公差规定范围之内即为合格；工件的实际尺寸变动范围超出公差规定范围即为不合格。

5）零线

零线（zero line）是在公差带图中确定偏差的一条基准直线，即零偏差线。通常，零线表示基本尺寸。正偏差位于零线的上方，负偏差位于零线的下方。

6）尺寸公差带

图 2.8 是公差与配合的一个示意图，它表明了两个相互结合的孔、轴的基本尺寸、极限尺寸、极限偏差与公差的相互关系。考虑到公差的数值（μm 级）与尺寸的数值（mm 级）大小相差甚远，不便采用同一比例表示，因此在作简图时，只画出放大的孔与轴的公差带位置关系示意图形，这种图形称为尺寸公差带（简称公差带，tolerance zone）图，如图 2.9 所示。在公差带图中，由代表上、下偏差的两条直线所限定的一个区域，叫公差带。为了简便起见，将公差带集中在轴线的一侧，并以平面区域表示。

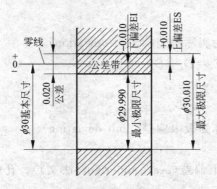

图 2.8　尺寸公差、极限偏差和极限尺寸关系示意图

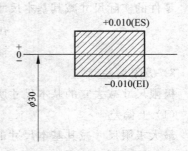

图 2.9　尺寸公差带图

绘制公差带图的方法如下：先画一条零线代表基本尺寸，在零线下方画一个带单箭头的尺寸线，注明基本尺寸（单位为 mm）；在零线附近标注相应符号"0""＋""－"，零线上方表示正偏差，零线下方表示负偏差；按给定比例画两条平行于零线的直线，上面的一条直线代表上偏差，下面的一条直线代表下偏差，这两条直线之间区域的宽度代表公差带的大小，即公差值的大小；在公差带的上、下界线旁注出极限偏差值 ES、EI 或 es、ei（单位为 μm）。

在国标中，公差带包括"公差带大小"与"公差带位置"两个参数。前者由标准公差确定，后者由基本偏差确定。

7）基本偏差

基本偏差（fundamental deviation）是用来确定公差带相对于零线位置的上偏差或下偏差，一般指靠近零线的那个偏差。当公差带位于零线上方时，其基本偏差为下偏差；位于零线下方时，其基本偏差为上偏差（见图 2.10）。

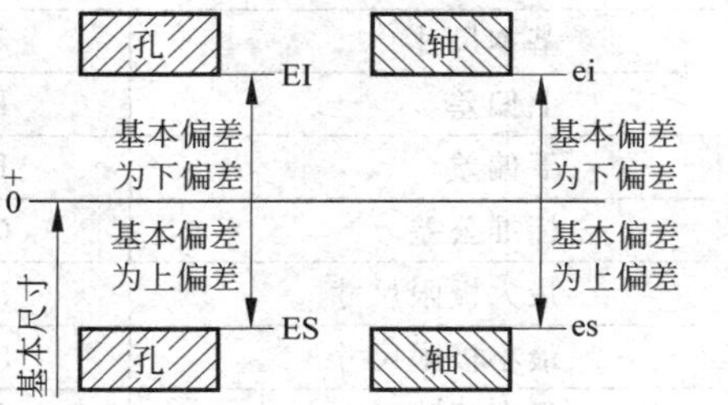

图 2.10　基本偏差示意图

4. 有关配合的术语和定义

1）间隙与过盈

在孔与轴的配合中，孔的尺寸减去相配合的轴的尺寸所得的代数差为正时，称为间隙（clearance），用 X 表示，显然，$X \geqslant 0$；代数差值为负时，称为过盈（interference），用 Y 表示，显然，$Y \leqslant 0$。

2）配合及其种类

配合（fit）是指基本尺寸相同的、相互结合的孔和轴公差带之间的关系。

按照孔、轴公差带相对位置的不同，配合的种类有三种：间隙配合、过盈配合和过渡配合。

（1）间隙配合

对于一对孔、轴，任取其一相配，具有间隙的配合（包括最小间隙等于零的配合）称为间隙配合（clearance fit）。间隙配合中，孔的公差带完全在轴的公差带之上，如图 2.11 所示。

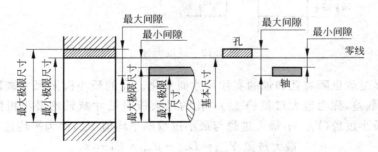

图 2.11　间隙配合

由于孔、轴是有公差的，所以实际间隙的大小将随着孔和轴的实际尺寸而变化。孔的最大极限尺寸减轴的最小极限尺寸所得的代数差，称为最大间隙（$X_{\max}$）。孔的最小极限尺寸减轴的最大极限尺寸所得的代数差，称为最小间隙（$X_{\min}$），即

$$最大间隙 \quad X_{max}=D_{max}-d_{min}=ES-ei \tag{2.12}$$

$$最小间隙 \quad X_{min}=D_{min}-d_{max}=EI-es \tag{2.13}$$

间隙配合的平均松紧程度称为平均间隙,它是最大间隙和最小间隙的平均值,即

$$平均间隙 \quad X_{av}=(X_{max}+X_{min})/2 \tag{2.14}$$

例 2.1 $\phi 50^{+0.039}_{0}$ 的孔与 $\phi 50^{-0.025}_{-0.050}$ 的轴相配是基孔制间隙配合。各种计算结果如表 2.1 所示。

表 2.1　间隙配合　　　　　　　　　　　　　　　　mm

项　　目	孔	轴
基本尺寸	50	50
上偏差	ES=+0.039	es=−0.025(基本偏差)
下偏差	EI=0(基本偏差)	ei=−0.050
标准公差	0.039	0.025
最大极限尺寸	50.039	49.975
最小极限尺寸	50.000	49.950
最大间隙	$X_{max}=50.039-49.950=+0.089$	
最小间隙	$X_{min}=50.000-49.975=+0.025$	
配合公差	0.089−0.025=0.064 或 0.039+0.025=0.064	

(2) 过盈配合

对于一对孔、轴,任取其一相配,具有过盈的配合(包括最小过盈等于零的配合)称为过盈配合(interference fit)。过盈配合中,孔的公差带完全在轴的公差带之下,如图 2.12 所示。

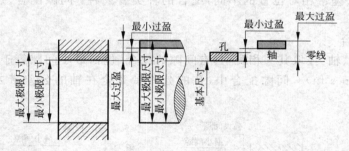

图 2.12　过盈配合

同理,实际过盈也随着孔和轴的实际尺寸而变化。孔的最小极限尺寸减轴的最大极限尺寸所得的代数差,称为最大过盈(Y_{max});孔的最大极限尺寸减轴的最小极限尺寸所得的代数差,称为最小过盈(Y_{min});最大过盈与最小过盈的平均值 Y_{av},称为平均过盈。即

$$最大过盈 \quad Y_{max}=D_{min}-d_{max}=EI-es \tag{2.15}$$

$$最小过盈 \quad Y_{min}=D_{max}-d_{min}=ES-ei \tag{2.16}$$

$$平均过盈 \quad Y_{av}=(Y_{max}+Y_{min})/2 \tag{2.17}$$

例 2.2 $\phi 50^{+0.025}_{0}$ 的孔与 $\phi 50^{+0.059}_{+0.043}$ 的轴相配是过盈配合。各种计算结果如表 2.2 所示。

表 2.2　过盈配合　　　　　　　　　　　　　　　　　　　　mm

项　　目	孔	轴
基本尺寸	50	50
上偏差	ES＝+0.025	es＝+0.059
下偏差	EI＝0(基本偏差)	ei＝+0.043(基本偏差)
标准公差	0.025	0.016
最大极限尺寸	50.025	50.059
最小极限尺寸	50.000	50.043
最大过盈	$Y_{max}＝50.000-50.059＝-0.059$	
最小过盈	$Y_{min}＝50.025-50.043＝-0.018$	
配合公差	$-0.018-(-0.059)＝0.041$	
	或 $0.025+0.016＝0.041$	

（3）过渡配合

对于一对孔、轴,任取其一相配,在孔与轴配合中,可能具有间隙,也可能具有过盈的配合称为过渡配合(transition fit)。孔、轴结合形成过渡配合时,孔与轴的公差带相互交叠,如图 2.13 所示。

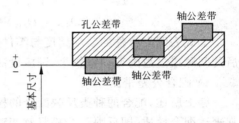

图 2.13　过渡配合

过渡配合时的间隙量或过盈量都不大,它是介于间隙配合与过盈配合之间的一种配合形式。孔的最大极限尺寸减去轴的最小极限尺寸所得的代数差称为最大间隙(X_{max}),孔的最小极限尺寸减去轴的最大极限尺寸所得的代数差称为最大过盈(Y_{max}),即

$$Y_{max} = D_{min} - d_{max} = \text{EI} - \text{es} \qquad (2.18)$$

$$X_{max} = D_{max} - d_{min} = \text{ES} - \text{ei} \qquad (2.19)$$

在过渡配合中,最大间隙与最大过盈的平均值,称为平均间隙或平均过盈。所得的数值为正值时,称为平均间隙;所得的数值为负值时,称为平均过盈,即

$$平均间隙(平均过盈)X_{av}(Y_{av}) = (X_{max} + Y_{max})/2 \qquad (2.20)$$

例 2.3　$\phi50^{+0.025}_{0}$ 的孔与 $\phi50^{+0.018}_{+0.002}$ 的轴相配是过渡配合。各种计算结果如表 2.3 所示。

表 2.3　过渡配合　　　　　　　　　　　　　　　　　　　　mm

项　　目	孔	轴
基本尺寸	50	50
上偏差	ES＝+0.025	es＝+0.018
下偏差	EI＝0(基本偏差)	ei＝+0.002(基本偏差)
标准公差	0.025	0.016
最大极限尺寸	50.025	50.018
最小极限尺寸	50.000	50.002
最大间隙	$X_{max}＝50.025-50.002＝+0.023$	
最大过盈	$Y_{max}＝50.000-50.018＝-0.018$	
配合公差	$0.023-(-0.018)＝0.041$	
	或 $0.025+0.016＝0.041$	

3）配合公差

间隙或过盈的允许变动量称为配合公差(fit tolerance)，它表明配合松紧程度的变化范围。配合公差用 T_f 表示，是一个没有符号的绝对值。

间隙配合：

$$
\begin{aligned}
T_f &= |X_{\max} - X_{\min}| = |(D_{\max} - d_{\min}) - (D_{\min} - d_{\max})| \\
&= |(D_{\max} - D_{\min}) + (d_{\max} - d_{\min})| \\
&= T_D + T_d
\end{aligned} \tag{2.21}
$$

过盈配合：

$$
\begin{aligned}
T_f &= |Y_{\max} - Y_{\min}| = |(D_{\min} - d_{\max}) - (D_{\max} - d_{\min})| \\
&= |(D_{\max} - D_{\min}) + (d_{\max} - d_{\min})| = T_D + T_d
\end{aligned} \tag{2.22}
$$

过渡配合：

$$
\begin{aligned}
T_f &= |X_{\max} - Y_{\max}| = |(D_{\max} - d_{\min}) - (D_{\min} - d_{\max})| \\
&= |(D_{\max} - D_{\min}) + (d_{\max} - d_{\min})| = T_D + T_d
\end{aligned} \tag{2.23}
$$

上式表明配合件的装配精度与零件的加工精度有关。如果想要提高装配精度，使配合后的间隙或过盈的变动量较小，则应设法减小零件的制造公差，提高零件的加工精度。

4）配合公差带图

综上所述，配合的种类反映配合的松紧，配合的过程反映配合的松紧变化程度。为了直观表达配合性质，即反映配合松紧及变动情况，可以使用如图2.14所示的配合公差带图，图中水平线为零线，代表零间隙或零过盈；零线上方的纵坐标为正值，代表配合间隙；零线下方的纵坐标为负值，代表配合过盈。配合公差带两条横线之间的距离为配合公差值 T_f，它反映配合的松紧变化程度。

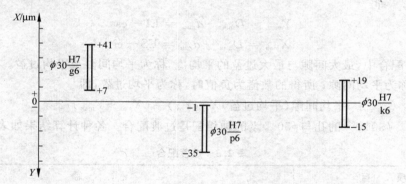

图 2.14　配合公差带图

例 2.4　已知某孔轴配合，基本尺寸为 $\phi 14$，孔的下偏差 $EI=0$，轴的公差 $T_d=0.011$，配合的最大过盈 $Y_{\max}=-0.012$，平均间隙 $X_{av}=+0.003$。试求：①轴的上、下偏差 es、ei；②配合的最大间隙 $X_{\max}$；③孔的上偏差 ES，公差值 T_D；④配合公差 T_f；⑤指出配合采用的基准制，以及配合性质。

解：$Y_{\max}=EI-es$

　　　$es=+0.012$

　　　$T_d=es-ei=0.011, ei=+0.001$

$$X_{av} = (Y_{max} + X_{max})/2$$
$$X_{max} = 0.018, X_{max} = ES - ei$$
$$ES = +0.019$$
$$T_D = 0.019$$
$$T_f = T_D + T_d = 0.030$$

此配合是基孔制,过渡配合。

2.2　标准公差系列

标准公差系列是国家标准《极限与配合》规定的用以确定公差带大小的一系列标准公差数值,它包含以下内容。

1. 公差单位

经生产实践和试验统计分析证明,基本尺寸相同的一批零件,若加工方法和生产条件不同,则产生的误差也不同;若加工方法和生产条件相同,而基本尺寸不同,也会产生大小不同的误差。为了便于评定零件尺寸公差等级的高低,规定了公差单位(tolerance unit,或称公差因子)。

公差单位是计算标准公差的基本单位,也是制定标准公差系列表的基础。如图 2.15 所示,公差单位与基本尺寸之间呈一定的相关关系。

当尺寸≤500mm 时,国家标准的公差单位 i 按式(2.24)计算:

$$i = 0.45 \sqrt[3]{D} + 0.001D(\mu m) \quad (2.24)$$

式中,D 为基本尺寸分段的计算尺寸,单位为 mm。

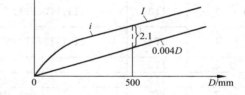

图 2.15　公差单位与基本尺寸的关系

在公差单位公式中包括两项:第一项主要反映加工误差,根据生产实际经验和统计分析,它是呈抛物线分布的;第二项用于补偿与直径成正比的误差,包括由于测量偏离标准温度以及量规的变形等引起的测量误差。当直径很小时,第二项所占比重很小;当直径较大时,公差单位随直径的增加,其数值相应增大。

对尺寸>500~3150mm 范围时,国家标准的公差单位 i 按式(2.25)计算:

$$i = 0.004D + 2.1(\mu m) \quad (2.25)$$

对大尺寸而言,与直径成正比的误差因素,其影响增长很快,特别是温度变化影响大,而温度变化引起的误差随直径的加大呈线性关系,所以,国标规定的大尺寸公差单位采用线性关系。

实践证明,当尺寸>3150mm 时,以 $i=0.004D+2.1$ 为基础来计算标准公差,也不能完全反映实际误差分布规律。但目前尚未确定出合理的计算公式,只能暂时按直线关系式计算,列于国标附录供参考使用。更合理的计算公式有待进一步在生产中加以总结。

2. 公差等级

规定和划分公差等级(tolerance grade)的目的,是为了简化和统一对公差的要求,使规定的公差等级既能满足广泛的、不同的使用要求,又能大致代表各种加工方法的精度,这样,既有利于设计,也有利于制造。

GB/T 1800.2—2009 在基本尺寸至 500mm 内规定了 01、0、1、…、18 共 20 个等级;在

基本尺寸大于 500mm 至 3150mm 内规定了 1、2、…、18 共 18 个等级。标准公差代号,是用 IT(ISO tolerance)与阿拉伯数字组成,表示为标准公差等级:IT01、IT0、IT1、…、IT18。从 IT01 到 IT18,公差等级依次降低,公差值依次增大。属于同一等级的公差,对所有的尺寸段虽然公差数值不同,但应看做同等精度。

国标规定,在基本尺寸≤500mm 的常用尺寸范围内,IT5~IT18 的公差值采用公差等级系数 a 与公差单位 i 的乘积来确定,公差等级系数按 R5 优先数系增加,公比为 $\sqrt[5]{10}\approx 1.6$,即每隔 5 个等级公差值增加 10 倍。对尺寸≤500mm 的更高等级,主要考虑测量误差,公差计算采用线性关系式。标准公差 IT2~IT4,同样也在 IT1~IT5 数值之间近似呈几何级数,比值为 $\left(\dfrac{IT5}{IT1}\right)^{1/4}$。各级标准公差值的计算公式如表 2.4 所示。

表 2.4　标准公差的计算公式(摘自 GB/T 1800.2—2009)　　　　　　　　　　μm

公差等级	标准公差	基本尺寸		公差等级	标准公差	基本尺寸	
		$D\leqslant 500$	$500<D<3150$			$D\leqslant 500$	$500<D\leqslant 3150$
01	IT01	$0.3+0.008D$	$1i$	8	IT8	$25i$	$25i$
0	IT0	$0.5+0.012D$	$\sqrt{2}i$	9	IT9	$40i$	$40i$
1	IT1	$0.8+0.020D$	$2i$	10	IT10	$60i$	$64i$
2	IT2	$IT1(IT5/IT1)^{1/4}$		11	IT11	$100i$	$100i$
				12	IT12	$160i$	$160i$
3	IT3	$IT1(IT5/IT1)^{2/4}$		13	IT13	$250i$	$250i$
				14	IT14	$400i$	$400i$
4	IT4	$IT1(IT5/IT1)^{3/4}$		15	IT15	$600i$	$640i$
5	IT5	$7i$	$7i$	16	IT16	$1000i$	$1000i$
6	IT6	$10i$	$10i$	17	IT17	$1600i$	$1600i$
7	IT7	$16i$	$16i$	18	IT18	$2500i$	$2500i$

注:表中 i 为公差单位。从 IT6 开始其规律为:每增加 5 个等级,标准公差增加 10 倍。

3. 尺寸分段

根据标准公差计算公式,对于每个基本尺寸都应该有一个相对应的公差值。但在生产实践中基本尺寸很多,这样就会形成一个庞大的公差数值表,给生产带来很多困难。为了减少公差数目,统一公差值,简化公差表格,特别考虑到便于应用,国家标准对基本尺寸进行了分段。尺寸分段后,对同一尺寸分段内的所有基本尺寸,在相同公差等级的情况下,规定相同的标准公差。

在标准公差及基本偏差的计算公式中,基本尺寸 D 一律以所属尺寸分段内,首、尾两个尺寸的几何平均值来进行计算(在≤3mm 这一尺寸分段中,是用 1 和 3 的几何平均值)。例如,80~120mm 基本尺寸分段的计算直径为 $\sqrt{80\times 120}=97.98$mm,只要是属于这一尺寸分段的基本尺寸,其标准公差和基本偏差一律以 97.98mm 进行计算。

在尺寸分段方法上,对≤180mm 尺寸分段,考虑到与国际公差(ISO)的一致,仍保留不均匀递增数系。对>180mm 尺寸分段,采用十进制几何数系——优先数系。主段落按优先数系 R10 分段,中间段落按优先数系 R20 分段;在>500~10 000mm 的尺寸范围内,也采用优先数系分段。标准公差数值如表 2.5 所示。

表 2.5　标准公差数值（摘自 GB/T 1800.2—2009）

基本尺寸	公 差 等 级																			
	IT01	IT0	IT1	IT2	IT3	IT4	IT5	IT6	IT7	IT8	IT9	IT10	IT11	IT12	IT13	IT14	IT15	IT16	IT17	IT18
	公差值/μm															公差值/mm				
≤3	0.3	0.5	0.8	1.2	2	3	4	6	10	14	25	40	60	100	0.14	0.25	0.40	0.60	1.0	1.4
>3~6	0.4	0.6	1	1.5	2.5	4	5	8	12	18	30	48	75	120	0.18	0.30	0.48	0.75	1.2	1.8
>6~10	0.4	0.6	1	1.5	2.5	4	6	9	15	22	36	58	90	150	0.22	0.36	0.58	0.90	1.5	2.2
>10~18	0.5	0.8	1.2	2	3	5	8	11	18	27	43	70	110	180	0.27	0.43	0.70	1.10	1.8	2.7
>18~30	0.6	1	1.5	2.5	4	6	9	13	21	33	52	84	130	210	0.33	0.52	0.84	1.30	2.1	3.3
>30~50	0.6	1	1.5	2.5	4	7	11	16	25	39	62	100	160	250	0.39	0.62	1.00	1.60	2.5	3.9
>50~80	0.8	1.2	2	3	5	8	13	19	30	46	74	120	190	300	0.46	0.74	1.20	1.90	3.0	4.6
>80~120	1	1.5	2.5	4	6	10	15	22	35	54	87	140	220	350	0.54	0.87	1.40	2.20	3.5	5.4
>120~180	1.2	2	3.5	5	8	12	18	25	40	63	100	160	250	400	0.63	1.00	1.60	2.50	4.0	6.3
>180~250	2	3	4.5	7	10	14	20	29	46	72	115	185	290	460	0.72	1.15	1.85	2.90	4.6	7.2
>250~315	2.5	4	6	8	12	16	23	32	52	81	130	210	320	520	0.81	1.30	2.10	3.20	5.2	8.1
>315~400	3	5	7	9	13	18	25	36	57	89	140	230	360	570	0.89	1.40	2.30	3.60	5.7	8.9
>400~500	4	6	8	10	15	20	27	40	63	97	155	250	400	630	0.97	1.55	2.50	4.00	6.3	9.7
>500~630	4.5	6	9	11	16	22	30	44	70	110	175	280	440	700	1.10	1.75	2.8	4.4	7.0	11.0
>630~800	5	7	10	13	18	25	35	50	80	125	200	320	500	800	1.25	2.0	3.2	5.0	8.0	12.5
>800~1000	5.5	8	11	15	21	29	40	56	90	140	230	360	560	900	1.40	2.3	3.6	5.6	9.0	14.0
>1000~1250	6.5	9	13	18	24	34	46	66	105	165	260	420	660	1050	1.65	2.6	4.2	6.6	10.5	16.5
>1250~1600	8	11	15	21	29	40	54	78	125	195	310	500	780	1250	1.95	3.1	5.0	7.8	12.5	19.5
>1600~2000	9	13	18	25	35	48	65	92	150	230	370	600	920	1500	2.30	3.7	6.0	9.2	15.0	23.0
>2000~2500	11	15	22	30	41	57	77	110	175	280	440	700	1100	1750	2.80	4.4	7.0	11.0	17.5	28.0
>2500~3150	13	18	26	36	50	69	93	135	210	330	540	860	1350	2100	3.30	5.4	8.0	13.5	21.0	33.0
>3150~4000	16	23	33	45	60	84	115	165	260	410	660	1050	1650	2600	4.10	6.6	10.5	16.5	26.0	41.0
>4000~5000	20	28	40	55	74	100	140	200	320	500	800	1300	2000	3200	5.00	8.0	13.0	20.0	32.0	50.0
>5000~6300	25	35	49	67	92	125	170	250	400	620	980	1550	2500	4000	6.20	9.8	15.0	25.0	40.0	62.0
>6300~8000	31	43	62	84	115	155	215	310	490	760	1200	1950	3100	4900	7.60	12.0	19.5	31.0	49.0	76.0
>8000~10 000	38	53	76	105	140	195	270	380	600	960	1500	2400	3800	6000	9.40	15.0	4.0	8.0	60.0	94.0

注：基本尺寸小于或等于 1mm 时，无 IT14～IT18。

2.3　基本偏差系列

基本偏差是用来确定公差带相对于零线位置的上偏差或下偏差,一般指靠近零线的那个偏差。当公差带位于零线上方时,其基本偏差为下偏差;当公差带位于零线下方时,其基本偏差为上偏差。基本偏差是国标公差带位置标准化的唯一指标。

1. 基本偏差代号及特征

基本偏差系列如图 2.16 所示,基本偏差的代号用拉丁字母表示,大写代表孔,小写代表轴。在 26 个字母中,除去易于混淆的 I、L、O、Q、W(i,l,o,q,w)5 个字母外,采用 21 个字母。再加上用两个字母 CD、EF、FG、ZA、ZB、ZC、JS(cd、ef、fg、za、zb、zc、js)表示的 7 个代号,共有 28 个代号,即孔和轴各有 28 个基本偏差。

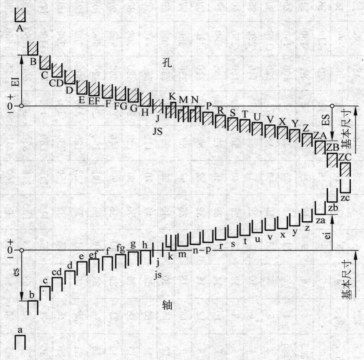

图 2.16　基本偏差系列

如图 2.16 所示,这些基本偏差的主要特点如下。

(1) 对于轴的基本偏差:a～h 为上偏差 es(数值为负值或零);j～zc 为下偏差 ei(数值多为正值)。对于孔的基本偏差:A～H 为下偏差 EI(数值为正值或零);J～ZC 为上偏差 ES(数值多为负值)。

(2) H 和 h 的基本偏差均为零,即 H 的下偏差 EI=0;h 的上偏差 es=0。由前述可知,H 和 h 分别为基准孔和基准轴的基本偏差代号。

(3) JS 和 js 在各个公差等级中,公差带完全对称于零线,因此,它们的基本偏差可以是上偏差(+IT/2),也可以是下偏差(-IT/2)。当公差等级为 7～11 级且公差值为奇数时,则上、下偏差为 $\pm(IT-1)/2$。

（4）J 和 j 为近似对称的，但在国标中，孔仅保留 J6、J7、J8，轴仅保留 j5、j6、j7、j8，而且用 JS 和 js 逐渐代替 J 和 j，因此，在基本偏差系列图中将 J 和 j 放在 JS 和 js 的位置上。

（5）基本偏差是公差带位置标准化的唯一参数，除去上述的 JS 和 js 以及 k、K、M、N 之外，原则上基本偏差与公差等级无关。

（6）一般对于同一字母表示的孔的基本偏差与轴的基本偏差，它们相对于零线是完全对称的。即孔与轴的基本偏差对应（例如 A 对应 a）时，两者的基本偏差的绝对值相等，而符号相反。

2. 基本偏差数值

轴的各种基本偏差数值应根据轴与基准孔 H 的各种配合要求来制定。由于在工程应用中，对于基孔制配合和基轴制配合是等效的，所以孔的各种基本偏差数值也应根据孔与基准轴 h 组成的各种配合来制定。孔、轴的各种基本偏差的计算公式是由实验和统计分析得到的，如表 2.6 所示。

表 2.6　轴和孔的基本偏差计算公式（摘自 GB/T 1800.2—2009）

基本尺寸/mm		轴			公式	孔			基本尺寸/mm	
大于	至	基本偏差	符号	极限偏差		极限偏差	符号	基本偏差	大于	至
1	120	a	—	es	$265+1.3D$	EI	+	A	1	120
120	500				$3.5D$				120	500
1	160	b	—	es	$140+0.85D$	EI	+	B	1	160
160	500				$1.8D$				160	500
0	40	c	—	es	$52D^{0.2}$	EI	+	C	0	40
40	500				$95+0.8D$				40	500
0	10	cd	—	es	C、c 和 D、d 值的几何平均值	EI	+	CD	0	10
0	3150	d	—	es	$16D^{0.44}$	EI	+	D	0	3150
0	3150	e	—	es	$11D^{0.41}$	EI	+	E	0	3150
0	10	ef	—	es	E、e 和 F、f 值的几何平均值	EI	+	EF	0	10
0	3150	f	—	es	$5.5D^{0.41}$	EI	+	F	0	3150
0	10	fg	—	es	F、f 和 G、g 值的几何平均值	EI	+	FG	0	10
0	3150	g	—	es	$2.5D^{0.34}$	EI	+	G	0	3150
0	3150	h	无符号	es	偏差=0	EI	无符号	H	0	3150
0	500	j			无公式			J	0	500
0	3150	js	+	es	$0.5ITn$	ES	+	JS	0	3150
			—	ei		EI	—			
0	500	k	+	ei	$0.6\sqrt[3]{D}$	ES	—	K	0	500
500	3150		无符号	ei	偏差=0		无符号		500	3150
0	500	m	+	ei	IT7−IT6	ES	—	M	0	500
500	3150				$0.24D+12.6$				500	3150
0	500	n	+	ei	$5D^{0.34}$	ES	—	N	0	500
500	3150				$0.04D+21$				500	3150

基本尺寸/mm		轴			公式	孔			基本尺寸/mm	
大于	至	基本偏差	符号	极限偏差		极限偏差	符号	基本偏差	大于	至
0	500	p	+	ei	IT7+(0~5)	ES	－	P	0	500
500	3150				$0.072D+37.8$				500	3150
0	3150	r	+	ei	P、p 和 S、s 值的几何平均值	ES	－	R	0	3150
0	50	s	+	ei	IT8+(1~4)	ES	－	S	0	50
50	3150				$IT7+0.4D$				50	350
24	3150	t	+	ei	$IT7+0.63D$	ES	－	T	24	3150
0	3150	u	+	ei	$IT7+D$	ES	－	U	0	3150
14	500	v	+	ei	$IT7+1.25D$	ES	－	V	14	500
0	500	x	+	ei	$IT7+1.6D$	ES	－	X	0	500
18	500	y	+	ei	$IT7+2D$	ES	－	Y	18	500
0	500	z	+	ei	$IT7+2.5D$	ES	－	Z	0	500
0	500	za	+	ei	$IT8+3.15D$	ES	－	ZA	0	500
0	500	zb	+	ei	$IT9+4D$	ES	－	ZB	0	500
0	500	zc	+	ei	$IT10+5D$	ES	－	ZC	0	500

注：1. 公式中 D 是基本尺寸段的几何平均值,单位为 mm；基本偏差的计算结果以 μm 计。

2. j、J 只在表 2.7 和表 2.8 中给出其数值。

3. 基本尺寸至 500mm 轴的基本偏差 k 的计算公式仅适用于标准公差等级 IT4~IT7,对所有其他基本尺寸和所有其他 IT 等级的基本偏差 k=0；孔的基本偏差 K 的计算公式仅适用于标准公差等级小于或等于 IT8,对于所有其他基本尺寸和所有其他 IT 等级的基本偏差 K=0。

1) 轴的基本偏差

利用表 2.6 中轴的基本偏差计算公式,以尺寸分段的几何平均值代入这些公式计算后,再按本标准的尾数修约规则进行修约得表 2.7。在工程中,若已知工件的基本尺寸和基本偏差代号,从表 2.7 中可查出相应的基本偏差数值。例如,基本尺寸为 $\phi50$mm,基本偏差代号为 d 的轴的基本偏差 es＝－80μm,基本尺寸为 $\phi60$mm,基本偏差代号为 s 的轴的基本偏差 ei＝＋53μm。同时,另一极限偏差则可根据轴的基本偏差和标准公差的数值按下列关系式计算：

$$公差带在零线下方时：ei＝es－IT \tag{2.26}$$

$$公差带在零线上方时：es＝ei＋IT \tag{2.27}$$

2) 孔的基本偏差

基本尺寸≤500mm 时,孔的基本偏差是从轴的基本偏差换算得来的。

孔与轴基本偏差换算的前提是：在孔、轴为同一公差等级或孔比轴低一级配合的条件下,当基轴制中孔的基本偏差代号与基孔制中轴的基本偏差代号相当(如 $\phi25$F8/h8 中孔的 F 对应于 $\phi25$H8/f8 中轴的 f)时,其基本偏差的对应关系,应保证按基轴制形成的配合(如 $\phi25$F7/h6)与按基孔制形成的配合(如 $\phi25$H7/f 6)相同。

根据上述前提,孔的基本偏差按以下两种规则换算。

(1) 通用规则

用同一字母表示的孔、轴基本偏差的绝对值相等,而符号相反。也就是,孔的基本偏差是轴的基本偏差相对于零线的倒影(反射关系),如图 2.17 所示。按通用规则进行换算求取孔的基本偏差的孔有：①所有的间隙配合（A～H）；②标准公差大于 IT8 的 K、M、N 和大于 IT7 的 P～ZC；③但有个别例外，对公差等级＞IT8，基本尺寸＞3mm 的 N，其基本偏差 ES＝0。由图 2.17 可知：

$$基孔制时最小间隙：X_{min}＝EI－es＝－es$$
$$基轴制时最小间隙：X'_{min}＝EI－es＝EI$$

因为 $X_{min}＝X'_{min}$，由此得出孔的基本偏差有如下关系式：

$$EI＝－es（适用于 A～H）\tag{2.28}$$

此外通用规则还有如下关系式：

$$ES＝－ei（适用于 K～ZC 的同级精度配合）\tag{2.29}$$

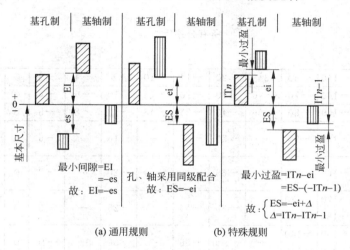

图 2.17　孔的基本偏差换算规则

（2）特殊规则

当孔、轴基本偏差代号对应时，孔的基本偏差 ES 和轴的基本偏差 ei 符号相反，而绝对值相差一个 Δ 值。Δ 是基本尺寸段内给定的某一标准公差等级 IT_n 与更高一级的标准公差等级 IT_{n-1} 的差值。因为在较高公差等级中，孔比同级的轴加工困难，常采用孔比轴低一级相配，并要求两种基准制所形成的配合相同。特殊规则适用于基本尺寸至 500mm，标准公差≤IT8 级的 K、M、N 和标准公差≤IT7 级的 P～ZC。由图 2.17 可知：

$$基孔制时最小过盈：Y_{min}＝ES－ei＝（＋IT_n）－ei$$
$$基轴制时最小过盈：Y'_{min}＝ES－ei＝ES－（－IT_{n-1}）$$

因为 $Y_{min}＝Y'_{min}$，故 $IT_n－ei＝ES＋IT_{n-1}$，由此得出孔的基本偏差

$$\left.\begin{array}{l}ES ＝－ei＋\Delta\\\Delta ＝ IT_n－IT_{n-1}\end{array}\right\}\tag{2.30}$$

式中，IT_n 为某一级孔的标准公差；IT_{n-1} 为比孔高一级的轴的标准公差。

换算得到孔的基本偏差后，孔的另一个偏差（上偏差或下偏差），可根据孔的基本偏差和标准公差，按以下关系式计算：

$$EI＝ES－IT（公差带在零线之下）\tag{2.31}$$
$$ES＝EI＋IT（公差带在零线之上）\tag{2.32}$$

按上述换算规则，国标制定出孔的基本偏差数值如表 2.8 所示。

表 2.7　基本尺寸至 500mm

基本偏差/μm

基本尺寸/mm	上偏差(es)											js	j		
	a	b	c	cd	d	e	ef	f	fg	g	h		5、6	7	8
	所有公差等级											偏差等于±IT/2			
≤3	−270	−140	−60	34	−20	−14	−10	−6	−4	−2	0		−2	−4	−6
>3~6	−270	−140	−70	−46	−30	−20	−14	−10	−6	−4	0		−2	−4	—
>6~10	−280	−150	−80	−56	−40	−25	−18	−13	−8	−5	0		−2	−5	
>10~14	−290	−150	−95	—	−50	−32		−16		−6	0		−3	−6	
>14~18	−290	−150	−95	—	−50	−32		−16		−6	0		−3	−6	
>18~24	−300	−160	−110	—	−65	−40		−20		−7	0		−4	−8	
>24~30	−300	−160	−110	—	−65	−40		−20		−7	0		−4	−8	
>30~40	−310	−170	−120		−80	−50		−25		−9	0		−5	−10	
>40~50	−320	−180	−130		−80	−50		−25		−9	0		−5	−10	
>50~65	−340	−190	−140		−100	−60		−30		−10	0		−7	−12	
>65~80	−360	−200	−150		−100	−60		−30		−10	0		−7	−12	
>80~100	−380	−220	−170		−120	−72		−36		−12	0		−9	−15	
>100~120	−410	−240	−180		−120	−72		−36		−12	0		−9	−15	
>120~140	−460	−260	−200		−145	−85		−43		−14	0		−11	−18	
>140~160	−520	−280	−210		−145	−85		−43		−14	0		−11	−18	
>160~180	−580	−310	−230		−145	−85		−43		−14	0		−11	−18	
>180~200	−660	−340	−240		−170	−100		−50		−15	0		−13	−21	
>200~225	−740	−380	−260		−170	−100		−50		−15	0		−13	−21	
>225~250	−820	−420	−280		−170	−100		−50		−15	0		−13	−21	
>250~280	−920	−480	−300		−190	−110		−56		−17	0		−16	−26	
>280~315	−1050	−540	−330		−190	−110		−56		−17	0		−16	−26	
>315~355	−1200	−600	−360		−210	−125		−62		−18	0		−18	−28	
>355~400	−1350	−680	−400		−210	−125		−62		−18	0		−18	−28	
>400~450	−1500	−760	−440		−230	−135		−68		−20	0		−20	−32	
>450~500	−1650	−840	−480		−230	−135		−68		−20	0		−20	−32	

注：1. 基本尺寸小于 1mm 时，各级的 a 和 b 均不采用。

　　2. js 的数值：对 IT7~IT11，若 IT 的数值(μm)为奇数，则取 js=±(IT−1)/2。

国标轴的基本偏差

<table>
<tr><th colspan="16" align="center">下偏差（ei）</th></tr>
<tr><th colspan="2">k</th><th>m</th><th>n</th><th>p</th><th>r</th><th>s</th><th>t</th><th>u</th><th>v</th><th>x</th><th>y</th><th>z</th><th>za</th><th>zb</th><th>zc</th></tr>
<tr><th>4~7</th><th>≤3 或 >7</th><th colspan="14" align="center">所有公差等级</th></tr>
<tr><td>0</td><td>0</td><td>+2</td><td>+4</td><td>+6</td><td>+10</td><td>+14</td><td>—</td><td>+18</td><td>—</td><td>+20</td><td>—</td><td>+26</td><td>+32</td><td>+40</td><td>+60</td></tr>
<tr><td>+1</td><td>0</td><td>+4</td><td>+8</td><td>+12</td><td>+15</td><td>+19</td><td>—</td><td>+23</td><td>—</td><td>+28</td><td>—</td><td>+35</td><td>+42</td><td>+50</td><td>+80</td></tr>
<tr><td>+1</td><td>0</td><td>+6</td><td>+10</td><td>+15</td><td>+19</td><td>+23</td><td>—</td><td>+28</td><td>—</td><td>+34</td><td>—</td><td>+42</td><td>+52</td><td>+67</td><td>+97</td></tr>
<tr><td rowspan="2">+1</td><td rowspan="2">0</td><td rowspan="2">+7</td><td rowspan="2">+12</td><td rowspan="2">+18</td><td rowspan="2">+23</td><td rowspan="2">+28</td><td rowspan="2">—</td><td rowspan="2">+33</td><td rowspan="2">+39</td><td>+40</td><td rowspan="2">—</td><td>+50</td><td>+64</td><td>+90</td><td>+130</td></tr>
<tr><td>+45</td><td>+60</td><td>+77</td><td>+108</td><td>+150</td></tr>
<tr><td rowspan="2">+2</td><td rowspan="2">0</td><td rowspan="2">+8</td><td rowspan="2">+15</td><td rowspan="2">+22</td><td rowspan="2">+28</td><td rowspan="2">+35</td><td>—</td><td>+41</td><td>+47</td><td>+54</td><td>+63</td><td>+73</td><td>+98</td><td>+136</td><td>+188</td></tr>
<tr><td>+41</td><td>+48</td><td>+55</td><td>+64</td><td>+75</td><td>+88</td><td>+118</td><td>+160</td><td>+218</td></tr>
<tr><td rowspan="2">+2</td><td rowspan="2">0</td><td rowspan="2">+9</td><td rowspan="2">+17</td><td rowspan="2">+26</td><td rowspan="2">+34</td><td rowspan="2">+43</td><td>+48</td><td>+60</td><td>+68</td><td>+80</td><td>+94</td><td>+112</td><td>+148</td><td>+200</td><td>+274</td></tr>
<tr><td>+54</td><td>+70</td><td>+81</td><td>+97</td><td>+114</td><td>+136</td><td>+180</td><td>+242</td><td>+325</td></tr>
<tr><td rowspan="2">+2</td><td rowspan="2">0</td><td rowspan="2">+11</td><td rowspan="2">+20</td><td rowspan="2">+32</td><td>+41</td><td>+53</td><td>+66</td><td>+87</td><td>+102</td><td>+122</td><td>+144</td><td>+172</td><td>+226</td><td>+300</td><td>+405</td></tr>
<tr><td>+43</td><td>+59</td><td>+75</td><td>+102</td><td>+120</td><td>+146</td><td>+174</td><td>+210</td><td>+274</td><td>+360</td><td>+480</td></tr>
<tr><td rowspan="2">+3</td><td rowspan="2">0</td><td rowspan="2">+13</td><td rowspan="2">+23</td><td rowspan="2">+37</td><td>+51</td><td>+71</td><td>+91</td><td>+124</td><td>+146</td><td>+178</td><td>+214</td><td>+258</td><td>+335</td><td>+445</td><td>+585</td></tr>
<tr><td>+54</td><td>+79</td><td>+104</td><td>+144</td><td>+172</td><td>+210</td><td>+254</td><td>+310</td><td>+400</td><td>+525</td><td>+690</td></tr>
<tr><td rowspan="3">+3</td><td rowspan="3">0</td><td rowspan="3">+15</td><td rowspan="3">+27</td><td rowspan="3">+43</td><td>+63</td><td>+92</td><td>+122</td><td>+170</td><td>+202</td><td>+248</td><td>+300</td><td>+365</td><td>+470</td><td>+620</td><td>+800</td></tr>
<tr><td>+65</td><td>+100</td><td>+134</td><td>+190</td><td>+228</td><td>+280</td><td>+340</td><td>+415</td><td>+535</td><td>+700</td><td>+900</td></tr>
<tr><td>+68</td><td>+108</td><td>+146</td><td>+210</td><td>+252</td><td>+310</td><td>+380</td><td>+465</td><td>+600</td><td>+780</td><td>+1000</td></tr>
<tr><td rowspan="3">+4</td><td rowspan="3">0</td><td rowspan="3">+17</td><td rowspan="3">+31</td><td rowspan="3">+50</td><td>+77</td><td>+122</td><td>+166</td><td>+236</td><td>+284</td><td>+350</td><td>+425</td><td>+520</td><td>+670</td><td>+880</td><td>+1150</td></tr>
<tr><td>+80</td><td>+130</td><td>+180</td><td>+258</td><td>+310</td><td>+385</td><td>+470</td><td>+575</td><td>+740</td><td>+960</td><td>+1250</td></tr>
<tr><td>+84</td><td>+140</td><td>+196</td><td>+284</td><td>+340</td><td>+425</td><td>+520</td><td>+640</td><td>+820</td><td>+1050</td><td>+1350</td></tr>
<tr><td rowspan="2">+4</td><td rowspan="2">0</td><td rowspan="2">+20</td><td rowspan="2">+34</td><td rowspan="2">+56</td><td>+94</td><td>+158</td><td>+218</td><td>+315</td><td>+385</td><td>+475</td><td>+580</td><td>+710</td><td>+920</td><td>+1200</td><td>+1550</td></tr>
<tr><td>+98</td><td>+170</td><td>+240</td><td>+350</td><td>+425</td><td>+525</td><td>+650</td><td>+790</td><td>+1000</td><td>+1300</td><td>+1700</td></tr>
<tr><td rowspan="2">+4</td><td rowspan="2">0</td><td rowspan="2">+21</td><td rowspan="2">+37</td><td rowspan="2">+62</td><td>+108</td><td>+190</td><td>+268</td><td>+390</td><td>+475</td><td>+590</td><td>+730</td><td>+900</td><td>+1150</td><td>+1500</td><td>+1900</td></tr>
<tr><td>+114</td><td>+208</td><td>+294</td><td>+435</td><td>+530</td><td>+660</td><td>+820</td><td>+1000</td><td>+1300</td><td>+1650</td><td>+2100</td></tr>
<tr><td rowspan="2">+5</td><td rowspan="2">0</td><td rowspan="2">+23</td><td rowspan="2">+40</td><td rowspan="2">+68</td><td>+126</td><td>+232</td><td>+330</td><td>+490</td><td>+595</td><td>+740</td><td>+920</td><td>+1100</td><td>+1450</td><td>+1850</td><td>+2400</td></tr>
<tr><td>+132</td><td>+252</td><td>+360</td><td>+540</td><td>+660</td><td>+820</td><td>+1000</td><td>+1250</td><td>+1600</td><td>+2100</td><td>+2600</td></tr>
</table>

表 2.8　基本尺寸至 500mm

基本偏差/μm

基本尺寸/mm	下偏差 EI												J			K		M	
	①A	②B	C	CD	D	E	EF	F	FG	G	H	JS	6	7	8	≤8	>8	≤8	>8
	所有公差等级																		
≤3	+270	+140	+60	+34	+20	+14	+10	+6	+4	+2	0		+2	+4	+6	0	0	−2	−2
>3~6	+270	+140	+70	+46	+30	+20	+14	+10	+6	+4	0		+5	+6	+10	−1+Δ	—	−4+Δ	−4
>6~10	+280	+150	+80	+56	+40	+25	+18	+13	+8	+5	0		+5	+8	+12	−1+Δ	—	−6+Δ	−6
>10~14	+290	+150	+95	—	+50	+32	—	+16	—	+6	0		+6	+10	+15	−1+Δ	—	−7+Δ	−7
>14~18	+290	+150	+95	—	+50	+32	—	+16	—	+6	0		+6	+10	+15	−1+Δ	—	−7+Δ	−7
>18~24	+300	+160	+110	—	+65	+40	—	+20	—	+7	0		+8	+12	+20	−2+Δ	—	−8+Δ	−8
>24~30	+300	+160	+110	—	+65	+40	—	+20	—	+7	0		+8	+12	+20	−2+Δ	—	−8+Δ	−8
>30~40	+310	+170	+120	—	+80	+50	—	+25	—	+9	0		+10	+14	+24	−2+Δ	—	−9+Δ	−9
>40~50	+320	+180	+130	—	+80	+50	—	+25	—	+9	0		+10	+14	+24	−2+Δ	—	−9+Δ	−9
>50~65	+340	+190	+140	—	+100	+60	—	+30	—	+10	0		+13	+18	+28	−2+Δ	—	−11+Δ	−11
>65~80	+360	+200	+150	—	+100	+60	—	+30	—	+10	0		+13	+18	+28	−2+Δ	—	−11+Δ	−11
>80~100	+380	+220	+170	—	+120	+72	—	+36	—	+12	0	偏差等于 ±IT/2	+16	+22	+34	−3+Δ	—	−13+Δ	−13
>100~120	+410	+240	+180	—	+120	+72	—	+36	—	+12	0		+16	+22	+34	−3+Δ	—	−13+Δ	−13
>120~140	+460	+260	+200	—	+145	+85	—	+43	—	+14	0		+18	+26	+41	−3+Δ	—	−15+Δ	−15
>140~160	+520	+280	+210	—	+145	+85	—	+43	—	+14	0		+18	+26	+41	−3+Δ	—	−15+Δ	−15
>160~180	+580	+310	+230	—	+145	+85	—	+43	—	+14	0		+18	+26	+41	−3+Δ	—	−15+Δ	−15
>180~200	+660	+340	+240	—	+170	+100	—	+50	—	+15	0		+22	+30	+47	−4+Δ	—	−17+Δ	−17
>200~225	+740	+380	+260	—	+170	+100	—	+50	—	+15	0		+22	+30	+47	−4+Δ	—	−17+Δ	−17
>225~250	+820	+420	+280	—	+170	+100	—	+50	—	+15	0		+22	+30	+47	−4+Δ	—	−17+Δ	−17
>250~280	+920	+480	+300	—	+190	+110	—	+56	—	+17	0		+25	+36	+55	−4+Δ	—	−20+Δ	−20
>280~315	+1050	+540	+330	—	+190	+110	—	+56	—	+17	0		+25	+36	+55	−4+Δ	—	−20+Δ	−20
>315~355	+1200	+600	+360	—	+210	+125	—	+62	—	+18	0		+29	+39	+60	−4+Δ	—	−21+Δ	−21
>355~400	+1350	+680	+400	—	+210	+125	—	+62	—	+18	0		+29	+39	+60	−4+Δ	—	−21+Δ	−21
>400~450	+1500	+760	+440	—	+230	+135	—	+68	—	+20	0		+33	+43	+66	−5+Δ	—	−23+Δ	−23
>450~500	+1650	+840	+480	—	+230	+135	—	+68	—	+20	0		+33	+43	+66	−5+Δ	—	−23+Δ	−23

注：1. 基本尺寸小于 1mm 时,各级的 A 和 B 及大于 8 级的基本偏差 N 均不采用。

2. JS 的数值:对 IT7~IT11,若 IT 的数值(μm)为奇数,则取 JS=±(IT−1)/2。

3. 特殊情况:当基本尺寸大于 250~315mm 时,M6 的 ES 等于 −9(不等于 −11)μm。

4. 对≤IT8 的 K、M、N 和≤IT7 的 P~ZC,所需 Δ 值从表右侧栏选取。例如,大于 6~10mm 的 P6,Δ=3,所以 ES=(−15+3)μm=−12μm。

国标孔的基本偏差

上偏差 ES														Δ/μm					
N	P~ZC	P	R	S	T	U	V	X	Y	Z	ZA	ZB	ZC	3	4	5	6	7	8
≤8	>8≤7	>7																	
−4	−4	−6	−10	−14	—	−18	—	−20	—	−26	−32	−40	−60	0					
−8+Δ	0	−12	−15	−19	—	−23	—	−28	—	−35	−42	−50	−80	1	1.5	1	3	4	6
−10+Δ	0	−15	−19	−23	—	−28	—	−34	—	−42	−52	−67	−97	1	1.5	2	3	6	7
−12+Δ	0	−18	−23	−28	—	−33	—	−40	—	−50	−64	−90	−130	1	2	3	3	7	9
							−39	−45		−60	−77	−108	−150						
−15+Δ	0	−22	−28	−35	—	−41	−47	−54	−63	−73	−98	−136	−188	1.5	2	3	4	8	12
					−41	−48	−55	−64	−75	−88	−118	−160	−218						
−17+Δ	0	−26	−34	−43	−48	−60	−68	−80	−94	−112	−148	−200	−274	1.5	3	4	5	9	14
					−54	−70	−81	−97	−114	−136	−180	−242	−325						
−20+Δ	0	−32	−41	−53	−66	−87	−102	−122	−144	−172	−226	−300	−405	2	3	5	6	11	16
			−43	−59	−75	−102	−120	−146	−174	−210	−274	−360	−480						
−23+Δ	0	−37	−51	−71	−91	−124	−146	−178	−214	−258	−335	−445	−585	2	4	5	7	13	19
			−54	−79	−104	−144	−172	−210	−254	−310	−400	−525	−690						
−27+Δ	0	−43	−63	−92	−122	−170	−202	−248	−300	−365	−470	−620	−800	3	4	6	7	15	23
			−65	−100	−134	−190	−228	−280	−340	−415	−535	−700	−900						
			−68	−108	−146	−210	−252	−310	−380	−465	−600	−780	−1000						
−31+Δ	0	−50	−77	−122	−166	−236	−284	−350	−425	−520	−670	−880	−1150	3	4	6	9	17	26
			−80	−130	−180	−258	−310	−385	−470	−575	−740	−960	−1250						
			−84	−140	−196	−284	−340	−425	−520	−640	−820	−1050	−1350						
−34+Δ	0	−56	−94	−158	−218	−315	−385	−475	−580	−710	−920	−1200	−1550	4	4	7	9	20	29
			−98	−170	−240	−350	−425	−525	−650	−790	−1000	−1300	−1700						
−37+Δ	0	−62	−108	−190	−268	−390	−475	−590	−730	−900	−1150	−1500	−1900	4	5	7	11	21	32
			−114	−208	−294	−435	−530	−660	−820	−1000	−1300	−1650	−2100						
−40+Δ	0	−68	−126	−232	−330	−490	−595	−740	−920	−1100	−1450	−1850	−2400	5	5	7	13	23	34
			−132	−252	−360	−540	−660	−820	−1000	−1250	−1600	−2100	−2600						

（注：P~ZC 栏自第二行起均为 0，并标注"大于 7 级的相应数值上增加一个 Δ 值"。）

例 2.5 确定配合 $\phi25H7/f6$ 与 $\phi25H7/h6$ 的孔与轴的极限偏差。

解：查表 2.5 得：$IT6=13\mu m$，$IT7=21\mu m$

查表 2.7 得：轴 f 的基本偏差为：$es=-20\mu m$

则 f6 的下偏差：$ei=es-IT6=(-20-13)\mu m=-33\mu m$

基准孔 H7 的下偏差：$EI=0$

则 H7 的上偏差：$ES=EI+IT7=(0+21)\mu m=+21\mu m$

孔 F7 的基本偏差应按通用规则换算，故

$$EI=-es=+20\mu m$$

孔 F7 的上偏差：$ES=EI+IT7=(+20+21)\mu m=+41\mu m$

基准轴 h6 的上偏差：$es=0$

基准轴 h6 的下偏差：$ei=es-IT6=(0-13)\mu m=-13\mu m$

故得：$\phi25H7\binom{+0.021}{+0}$，$\phi25f6\binom{-0.020}{-0.033}$；$\phi25F7\binom{+0.041}{+0.020}$，$\phi25h6\binom{0}{-0.013}$

例 2.6 确定配合 $\phi25H8/p8$ 与 $\phi25P8/h8$ 的孔与轴的极限偏差。

查表 2.5 得：$IT8=33\mu m$

查表 2.7 得：轴 p 的基本偏差为：$ei=+22\mu m$

p8 的上偏差：$es=ei+IT8=(+22+33)\mu m=+55\mu m$

孔 H8 的下偏差：$EI=0$

孔 H8 的上偏差：$ES=EI+IT8=(0+33)\mu m=+33\mu m$

孔 P8 的基本偏差应按通用规则换算，故 $ES=-ei=-22\mu m$

孔 P8 的下偏差：$EI=ES-IT8=(-22-33)\mu m=-55\mu m$

轴 h8 的上偏差：$es=0$

轴 h8 的下偏差：$ei=es-IT8=(0-33)\mu m=-33\mu m$

由此可得：$\phi25H8\binom{+0.033}{+0}$，$\phi25p8\binom{+0.055}{+0.022}$；$\phi25P8\binom{-0.022}{-0.055}$，$\phi25h8\binom{0}{-0.033}$

例 2.7 确定配合 $\phi25H7/p6$ 与 $\phi25P7/h6$ 的孔与轴的极限偏差。

查表 2.5 得：$IT6=13\mu m$，$IT7=21\mu m$

从表 2.7 中得知：轴 p6 的基本偏差为下偏差，$ei=+22\mu m$

轴 p6 的上偏差：$es=ei+IT6=(+22+13)\mu m=+35\mu m$

孔 P7 的基本偏差应按特殊规则换算，故

孔 P7 的上偏差：$ES=-ei+\Delta=(-22+8)\mu m=-14\mu m$

孔 P7 的下偏差：$EI=ES-IT7=(-14-21)\mu m=-35\mu m$

故得：$\phi25H7\binom{+0.021}{+0}$，$\phi25p6\binom{+0.035}{+0.022}$；$\phi25P7\binom{-0.014}{-0.035}$，$\phi25h6\binom{0}{-0.013}$

2.4　一般、常用和优先的公差带与配合

1. 一般、常用和优先选用的公差带

GB/T 1800.2—2009 规定 20 个等级的标准公差和 28 种基本偏差，可以组成很多种公

差带(孔有 543 种,轴有 544 种)。由孔、轴公差带又能组成大量的配合。但是,在生产实践中,公差带的数量使用很多,势必使标准繁杂,不利于生产。国家标准在满足我国实际需要和考虑生产发展需要的前提下,为了尽可能减少零件、定值刀具、量具和工艺装备的品种和规格,对所选用的公差带与配合做了必要的限制。

国家标准结合我国生产的实际情况,考虑各类产品的不同特点,兼顾今后发展的需要,制定了三个以供选用的标准(GB/T 1801—2009,GB/T 1803—2003 及 GB/T 1804—2000),在这些标准中,分别推荐了孔、轴公差带。在常用尺寸标准中还推荐了优先、常用配合。

尺寸≤500mm,国家标准规定了一般、常用和优先的轴公差带共 116 种,其中方框内的 59 种为常用公差带,带圆圈的 13 种为优先选用的公差带,如图 2.18 所示。

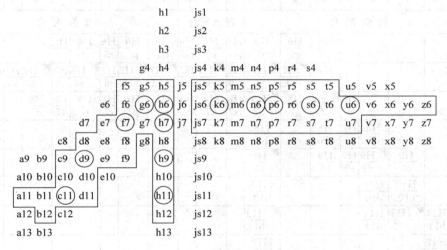

图 2.18　一般、常用和优先的轴公差带

国家标准规定了一般、常用和优先的孔公差带 105 种,其中方框内的 44 种为常用公差带,带圆圈的 13 种为优先的公差带,如图 2.19 所示。

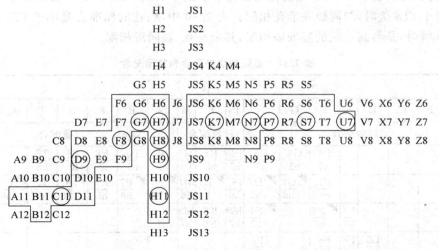

图 2.19　一般、常用和优先的孔公差带

国家标准规定：在选用公差带时,应按"优先""常用""一般"的顺序进行选取；若一般公差带中选不到能满足使用要求的公差带,才允许按国标规定的标准公差和基本偏差来组成所需的公差带,或考虑采用延伸和插入的方法来确定所需的新公差带。

2. 一般、常用和优先选用的配合

国家标准在上述孔、轴公差带的基础上,规定了基孔制常用配合 59 种,其中优先配合 13 种(见表 2.9)。规定了基轴制常用配合 47 种,其中优先配合 13 种(见表 2.10)。

表 2.9　基孔制优先配合和常用配合

基准孔	轴																				
	a	b	c	d	e	f	g	h	js	k	m	n	p	r	s	t	u	v	x	y	z
	间 隙 配 合								过 渡 配 合				过 盈 配 合								
H6						H6/f5	H6/g5	H6/h5	H6/js5	H6/k5	H6/m5	H6/n5	H6/p5	H6/r5	H6/s5	H6/t5					
H7						H7/f6	▲H7/g6	▲H7/h6	H7/js6	▲H7/k6	H7/m6	▲H7/n6	▲H7/p6	H7/r6	▲H7/s6	H7/t6	▲H7/u6	H7/v6	H7/x6	H7/y6	H7/z6
H8					H8/e7	▲H8/f7	H8/g7	▲H8/h7	H8/js7	H8/k7	H8/m7	H8/n7	H8/p7	H8/r7	H8/s7	H8/t7	H8/u7				
				H8/d8	H8/e8	H8/f8		H8/h8													
H9			H9/c9	▲H9/d9	H9/e9	H9/f9		▲H9/h9													
H10			H10/c10	H10/d10				H10/h10													
H11	H11/a11	H11/b11	▲H11/c11	H11/d11				▲H11/h11													
H12		H12/b12						H12/h12													

注：1. H6/n5、H7/p6 在基本尺寸≤3mm 和 H8/r7 在≤100mm 时,为过渡配合。

　　2. 标注▲的配合为优先配合。

必须注意到,表 2.9 中,当轴的标准公差小于或等于 IT7 级时,是与低一级的孔相配合；大于或等于 IT8 级时,与同级基准孔相配。表 2.10 中,当孔的标准公差小于 IT8 级或少数等于 IT8 级时,是与高一级的基准轴相配,其余是孔、轴同级相配。

表 2.10　基轴制优先配合和常用配合

基准轴	孔																				
	A	B	C	D	E	F	G	H	JS	K	M	N	P	R	S	T	U	V	X	Y	Z
	间 隙 配 合								过 渡 配 合				过 盈 配 合								
h5						F6/h5	G6/h5	H6/h5	JS6/h5	K6/h5	M6/h5	N6/h5	P6/h5	R6/h5	S6/h5	T6/h5					
h6						F7/h6	▲G7/h6	▲H7/h6	JS7/h6	K7/h6	M7/h6	▲N7/h6	▲P7/h6	R7/h6	▲S7/h6	T7/h6	▲U7/h6				
h7					E8/h7	▲F8/h7		▲H8/h7	JS8/h7	K8/h7	M8/h7	N8/h7									
h8				D8/h8	E8/h8	F8/h8		H8/h8													

续表

基准孔	孔																				
	A	B	C	D	E	F	G	H	JS	K	M	N	P	R	S	T	U	V	X	Y	Z
	间隙配合								过渡配合				过盈配合								
h9				▼D9/h9	E9/h9	F9/h9		▼H9/h9													
h10				D10/h10				H10/h10													
h11	A11/h11	B11/h11	▼C11/h11	D11/h11				▼H11/h11													
h12		B12/h12						H12/h12													

注：标注▼的配合为优先配合。

2.5　极限与配合标准的选用

1. 极限与配合在图样上的标注

1）公差带代号与配合代号

公差带代号由基本偏差代号和公差等级数字组成。其中,大写拉丁字母表示孔,小写拉丁字母表示轴,字母后的数字表示公差等级。例如,H7、F7、K7、P7 等为孔的公差带代号;h7、g6、m6、r7 等为轴的公差带代号。

配合代号以分数形式表示,分子为孔的公差带代号,分母为轴的公差带代号,如 H7/g6。如果需要指明配合的基本尺寸,则将基本尺寸标注在配合代号之前,如 ϕ30H7/g6。

2）图样中尺寸公差的标注形式

在零件图上,尺寸公差的标注形式有三种方法,可根据生产类型的实际需要而定。第一种方法是在图上标注基本尺寸和公差带代号,此种标注适用于大批量生产的产品零件,如图 2.20(a)所示;第二种方法是标注基本尺寸和极限偏差数值,此种标注一般在单件或小批生产的产品零件图样上采用,应用较广泛,如图 2.20(b)所示;第三种方法是标注基本尺寸、公差带代号和极限偏差值,又在括号内标注极限偏差的数值,此种标注适用于中小批量生产的产品零件,如图 2.20(c)所示。

在装配图上,主要是应当标注基本尺寸的大小和孔与轴的配合代号,以表明设计者对配合性质及使用功能的要求,即以分数形式表示孔、轴的基本代号与公差等级,如图 2.21 所示。

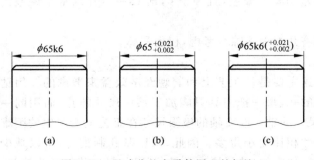

图 2.20　尺寸公差在零件图上的标注

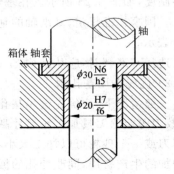

图 2.21　尺寸公差在装配图上的标注

2. 极限与配合的选择方法

极限与配合标准是实现互换性生产的重要基础。合理地选用极限与配合,不但可以更好地促进互换性生产,而且有利于提高产品质量,降低生产成本。一般选用下列三种方法。

1)计算法

计算法就是根据一定的理论和公式,计算出所需的间隙或过盈。对间隙配合中的滑动轴承,可用流体润滑理论来计算保证滑动轴承处于液体摩擦状态所需的间隙,根据计算结果,选用合适的配合;对过盈配合,可按弹塑性变形理论,计算出必需的最小过盈,选用合适的过盈配合,并按此验算在最大过盈时是否会使工件材料损坏。由于影响配合间隙量和过盈量的因素很多,理论的计算也是近似的,所以,在实际应用时还需经过试验来确定。

2)试验法

试验法就是对产品性能影响很大的一些配合,往往用试验法来确定机器工作性能的最佳间隙或过盈,例如风镐锤体与镐筒配合的间隙量对风镐工作性能有很大影响,一般采用试验法较为可靠,但这种方法需进行大量试验,成本较高。

3)类比法

类比法就是按同类型机器或机构中,经过生产实践验证的已用配合的实用情况,再考虑所设计机器的使用要求,参照确定需要的配合。

极限与配合的选用主要是解决以下 3 个问题:①基准制的选用;②公差等级的选用;③配合类型的选用等问题。

3. 基准制的选用

1)基准制

改变孔和轴的公差带位置可以得到很多种配合,为了便于现代化大生产,简化标准,标准对配合规定有基孔制和基轴制两种配合制度。

(1)基孔制

基孔制是指基本偏差为一定的孔的公差带与不同基本偏差轴的公差带形成各种配合的一种制度,如图 2.22 所示。基孔制中的孔为基准件,称为基准孔;轴是非基准件,称为配合轴。国家标准规定,基准孔的基本偏差是其下偏差,且等于 0,即 EI=0,并以基本偏差代号H 表示。

(2)基轴制

基轴制是指基本偏差为一定的轴的公差带与不同基本偏差孔的公差带形成各种配合的一种制度,如图 2.23 所示。在基轴制中,轴是基准件,称为基准轴;孔是非基准件,称为配合孔。国家标准规定,基准轴的基本偏差是其上偏差,且等于 0,即 es=0,并以基本偏差代号 h 表示。

选择基准制时,应从结构、工艺、经济几方面来综合考虑,权衡利弊。

2)优先选用基孔制

一般情况下,应优先选用基孔制。这主要是从工艺上和宏观经济效益来考虑的。用钻头、铰刀等定值刀具加工小尺寸高精度的孔,每一把刀具只能加工某一尺寸的孔,而用同一把车刀或一个砂轮可以加工大小不同尺寸的轴。改变轴的极限尺寸在工艺上所产生的困难和增加的生产费用,同改变孔的极限尺寸相比要小得多。因此,采用基孔制配合,可以减少定值刀具(钻头、铰刀、拉刀)和定值量具(如塞规)的规格和数量,可以获得显著的经济效益。

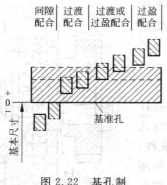

图 2.22　基孔制

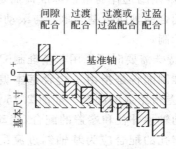

图 2.23　基轴制

3) 下列情况时,应当选用基轴制

(1) 在农业机械和纺织机械中,常采用 IT9~IT11 的冷拉钢材直接作轴(不经切削加工)。此时采用基轴制配合可避免冷拉钢材的尺寸规格过多。

(2) 加工尺寸小于 1mm 的精密轴比同级孔要困难,因此在仪器制造、钟表生产、无线电工程中,常使用经过光轧成型的钢丝直接作轴,这时采用基轴制较经济。

(3) 当同一根轴与基本尺寸相同的几个孔相配合,且配合性质不同的情况下,应考虑采用基轴制配合。如图 2.24(a)所示发动机活塞部件、活塞销与活塞及连杆的配合。根据使用要求,活塞销和活塞应为过渡配合,活塞销与连杆应为间隙配合。如采用基轴制配合,活塞销可制成一根光轴,既便于生产,又便于装配,如图 2.24(c)所示。如采用基孔制,三个孔的公差带一样,活塞销却要制成中间小的阶梯形,如图 2.24(b)所示,这样做既不便于加工,又不利于装配。另外,活塞销两端直径大于活塞孔径,装配时会刮伤轴和孔的表面,还会影响配合质量。

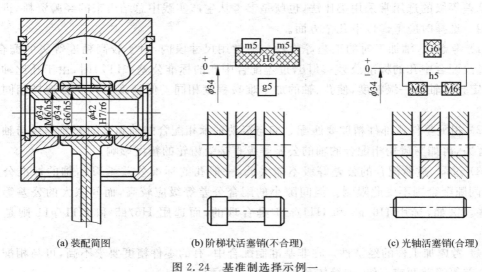

(a) 装配简图　　　　　(b) 阶梯状活塞销(不合理)　　　　　(c) 光轴活塞销(合理)

图 2.24　基准制选择示例一

4) 与标准件配合,应以标准件为基准件

标准件通常由专业工厂大量生产,在制造时其配合部位的基准制已确定。所以与其配

合的轴和孔一定要服从标准件既定的基准制。与标准件
配合时,基准制的选择通常依标准件而定。例如,与滚动
轴承内圈配合的轴应按基孔制;与滚动轴承外圈配合的
孔应按基轴制。

　　5) 在特殊需要时可采用非基准制配合

　　非基准制配合是指由不包含基本偏差 H 和 h 的任
一孔、轴公差带组成的配合。如图 2.25 所示为轴承座孔
同时与滚动轴承外径和端盖的配合,滚动轴承是标准件,
它与轴承座孔的配合应为基轴制过渡配合,选取轴承座
孔公差带为 $\phi110J7$,而轴承座孔与端盖的配合应为较低
精度的间隙配合,座孔公差带已定为 J7,现在只能对端
盖选定一个位于 J7 下方的公差带,以形成所要求的间

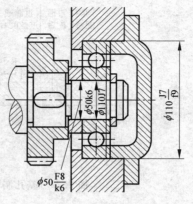

图 2.25　基准制选择示例二

隙配合。考虑到端盖的性能要求和加工的经济性,采用 f9 的公差带,最后确定端盖与轴承
座孔之间的配合为 $\phi110J7/f9$。

4. 公差等级的选用

　　标准公差等级的选择是一项重要的,同时又是一项比较困难的工作,因为公差等级的高
低直接影响产品使用性能和加工的经济性。公差等级过低,产品质量得不到保证;公差等
级过高,将使制造成本增加。所以,必须要考虑矛盾的两方面,正确合理地选用标准公差
等级。

　　尺寸精度越高,加工成本越高;高精度时,精度稍微提高,成本和废品率都急剧增加。
因此,选用高精度零件公差时,应特别慎重。选用标准公差等级的原则是:在充分满足使用
要求的前提下,考虑工艺的可能性,尽量选用精度较低的公差等级。

　　公差等级的选用常采用类比法,也就是参考从生产实践中总结出来的经验资料,进行比
较选用。选择时应考虑以下几个方面。

　　(1) 考虑孔、轴加工时的工艺等价性。在常用尺寸段内,对于较高精度等级的配合(间
隙和过渡配合中孔的标准公差<IT8,过盈配合中孔的标准公差<IT7)时,由于孔比轴难加
工,选定孔比轴低一级精度,使孔、轴的加工难易程度相同。低精度的孔和轴选择相同公差
等级。

　　(2) 相配零件或部件精度要匹配。如与滚动轴承相配合的轴和孔的公差等级与轴承的
精度有关,再如与齿轮相配合的轴的公差等级直接受齿轮的精度影响。

　　(3) 过盈、过渡配合的公差等级不能太低,一般孔的标准公差≤IT8,轴的标准公差≤
IT7。间隙配合则不受此限制。但间隙小的配合公差等级应较高,而间隙大的公差等级可
以低些。例如,选用 H6/g5 和 H11/a11 是合理的,而选用 H6/a5 和 H11/g11 则是不适
宜的。

　　(4) 考虑加工件的经济性。在非基准制配合中,有的零件精度要求不高,可与相配合零
件的公差等级差两或三级,如箱体孔与轴承端盖的配合。

　　(5) 若已知配合公差 T_f 时:可按下式确定孔、轴配合公差带的大小

$$T_f = T_D + T_d \tag{2.33}$$

　　式(2.33)中孔、轴的公差等级,通常可按下述情况分配:当配合尺寸≤500mm,以及

$T_f \leqslant$ IT8 时,推荐孔比轴低一级精度;当配合尺寸$\leqslant$500mm 且 $T_f >$ IT8 时,推荐孔、轴同级精度;当配合尺寸$>$500mm 时,对于任何级别的配合,一律采用孔、轴同级精度。

表 2.11 为 20 个公差等级的应用范围,表 2.12 为各种加工方法可能达到的公差等级范围,可供选用时参考。

表 2.11　标准公差等级的应用范围

应用	公 差 等 级(IT)																			
	01	0	1	2	3	4	5	6	7	8	9	10	11	12	13	14	15	16	17	18
块规	■	■	■																	
量规		■	■	■	■	■	■	■	■											
配合尺寸				■	■	■	■	■	■	■	■	■	■							
特别精密的零件配合			■	■	■	■	■													
非配合尺寸 (大制造公差)													■	■	■	■	■	■	■	■
原材料公差									■	■	■	■	■	■	■					

表 2.12　各种加工方法的合理加工精度

加工方法	公 差 等 级 (IT)																
	01	0	1	2	3	4	5	6	7	8	9	10	11	12	13	14	15	16
研磨	■	■	■	■	■	■												
珩						■	■	■	■									
圆磨							■	■	■	■								
平磨							■	■	■	■								
金刚石车							■	■	■									
金刚石镗							■	■	■									
拉削							■	■	■	■								
铰孔								■	■	■	■							
车									■	■	■	■	■					
镗									■	■	■	■	■					
铣										■	■	■	■					
刨、插												■	■					
钻孔												■	■	■				
滚压、挤压												■	■					
冲压												■	■	■	■	■		
压铸													■	■	■	■		
粉末冶金成型								■	■	■								
粉末冶金烧结									■	■	■							
砂型铸造、气割																■	■	■
锻造																	■	■

某些配合有可能根据使用要求确定其间隙或过盈的允许变化范围时,可利用计算公式和标准公差数值表确定其公差等级,下面举例说明。

例 2.8　某一基本尺寸为 ϕ95mm 的滑动轴承机构,根据使用要求,其允许的最大间隙

$X_{max} = +55\mu m$,最小间隙 $X_{min} = +10\mu m$,试确定该轴承机构的轴颈和轴瓦所构成的轴、孔标准公差等级。

解:(1) 计算允许的配合公差 T_f

由配合计算公差公式

$$\dot{T}_f = \mid X_{max} - X_{min} \mid = \mid 55 - 10 \mid \mu m = 45\mu m$$

(2) 计算查表确定孔轴的标准公差等级

按要求

$$[T_f] \geqslant [T_d] + [T_D]$$

式中,$[T_D]$、$[T_d]$为配合孔轴的允许公差。

由标准公差数值表 2.5 得:IT5$=15\mu m$,IT6$=22\mu m$,IT7$=35\mu m$。

如果孔、轴公差等级都选 6 级,则配合公差 $T_f = 2 \times$ IT6$=44\mu m < 45\mu m$,虽然未超过其要求的允许值,但不符合 6、7、8 级的孔与 5、6、7 级的轴相配合的规定。

若孔选 IT7,轴选 IT6,其配合公差为 $T_f =$ IT6$+$ IT7$=(22+35)\mu m=57\mu m>45\mu m$,已超过配合公差的允许值,故不符合配合要求。

因此,最好还是轴选 IT5,孔选 IT6。其配合公差 $T_f =$ IT5$+$IT6$=(15+22)\mu m=37\mu m<45\mu m$,虽然距要求的允许值减小($8\mu m$)较多,给加工带来一定的困难,但配合精度有一定的储备,而且选用标准规定的公差等级,选用标准的原材料、刀具和量具,对降低加工成本有利。

5. 配合的选用

在设计中,根据使用要求,应尽可能地选用优先配合和常用配合。如果优先配合与常用配合不能满足要求时,可选标准推荐的一般用途的孔、轴公差带,按使用要求组成需要的配合。若仍不能满足使用要求,还可以从国家标准所提供的 544 种轴公差带和 543 种孔公差带中选取合用的公差带,组成所需的配合。

确定了基准制以后,选择配合就是根据使用要求——配合公差(间隙或过盈)的大小,确定与基准件相配的孔、轴的基本偏差代号,同时确定基准件及配合件的公差等级。

对间隙配合,由于轴的基本偏差的绝对值等于最小间隙,故可按最小间隙确定轴的基本偏差代号;对过盈配合,在确定基准件的公差等级后,即可按最小过盈选定配合件的基本偏差代号,并根据配合公差的要求确定孔、轴公差等级。

在生产实际中,广泛应用的选择配合的方法是类比法。要掌握这种方法,首先必须分析机器或机构的功用、工作条件及技术要求,进而研究结合件的工作条件及使用要求,其次要了解各种配合的特性和应用场合。下面分别加以阐述。

1) 分析零件的工作条件及使用要求

为了充分掌握零件的具体工作条件和使用要求,必须考虑下列问题,工作时结合件的相对位置状态(如运动速度、运动方向、停歇时间、运动精度等),承受负荷情况,润滑条件,温度变化,配合的重要性,装卸条件,以及材料的物理机械性能等。根据具体条件不同,结合件配合的间隙量或过盈量必须相应地改变,表 2.13 可供参考。

2) 了解各类配合的特性和应用

间隙配合的特性,是具有间隙。它主要用于结合件有相对运动的配合(包括旋转运动和轴向滑动),也可用于一般的定位配合。

表 2.13　工作情况对过盈或间隙的影响

具 体 情 况	过 盈 量	间 隙 量
材料许用应力小	减小	—
经常拆卸	减小	—
工作时孔温高于轴温	增大	减小
工作时轴温高于孔温	减小	增大
有冲击负荷	增大	减小
配合长度较长	减小	增大
配合面形位误差较大	减小	增大
装配时可能歪斜	减小	增大
旋转速度高	增大	减少
有轴向运动	—	增大
润滑油黏度增大	—	增大
装配精度高	减小	减小
表面粗糙度数值大	增大	减小

过盈配合的特性,是具有过盈。它主要用于结合件没有相对运动的配合。过盈不大时,用键连接传递扭矩;过盈大时,靠孔轴结合力传递扭矩。前者可以拆卸,后者是不能拆卸的。

过渡配合的特性,是可能具有间隙,也可能具有过盈,但所得到的间隙和过盈量,一般是比较小的。它主要用于定位精确并要求拆卸的相对静止的连接。

用类比法选择配合时还必须考虑如下一些因素。

（1）受载荷情况

若载荷较大,过盈配合过盈量要增大;间隙配合要减小间隙;过渡配合要选用过盈概率大的过渡配合。

（2）拆装情况

经常拆装的孔和轴的配合比不常拆装的配合要松些。有时零件虽然不经常拆装,但受结构限制装配困难的配合,也要选松一些的配合。

（3）配合件的结合长度和形位误差

若零件上有配合要求的部位结合面较长时,由于受形位误差的影响,实际形成的配合比结合面短的配合要紧些,所以在选择配合时应适当减小过盈或增大间隙。

（4）配合件的材料

当配合件中有一件是铜或铝等塑性材料时,考虑到它们容易变形,选择配合时可适当增大过盈或减小间隙。

（5）温度的影响

当装配温度与工作温度相差较大时,要考虑热变形的影响。

（6）装配变形的影响

主要针对一些薄壁零件的装配。如图 2.26 所示,由于套筒外表面与机座孔的装配会产生较大过盈,当套筒压入机座孔后套筒内孔会收缩,使内孔变小,这样就满足不了 $\phi60H7/f6$ 的使用要求。在选择套筒内孔与轴的配合时,此变形量应

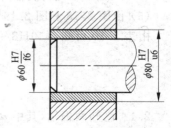

图 2.26　具有装配变形的结构

给予考虑。具体办法有两个:其一是将内孔做大些(如按 ϕ60G7 进行加工)以补偿装配变形;其二是用工艺措施来保证,将套筒压入机座孔后,再按 ϕ60H7 加工套筒内孔。

(7) 生产类型

在大批量生产时,加工后的尺寸通常按正态分布。而在单件小批量生产时,所加工孔的尺寸多偏向最小极限尺寸,所加工轴的尺寸多偏向最大极限尺寸,即所谓的偏态分布。这样,对于同一配合,单件小批生产比大批量生产从总体看来就显得紧一些。因此,在选择配合时,对于同一使用要求,单件小批生产时采用的配合应比大批量生产时要松一些。如大批量生产时为 ϕ50H7/js6 的要求,在单件小批生产时应选择 ϕ50H7/h6。

6. 选择应用举例

例 2.9　设有一滑动轴承机构,基本尺寸为 ϕ40mm 的配合,经计算确定极限间隙为 20~90 μm,若已决定采用基孔制配合,试确定此配合的孔、轴公差带和配合代号,画出其尺寸公差带和配合公差带图,并指出是否属于优先或常用的公差带与配合。

解:(1) 确定孔、轴公差等级。

按例 2.8 的方法可确定孔、轴标准公差等级分别为: $T_D = IT8 = 39\mu m$, $T_d = IT7 = 25\mu m$。

(2) 确定孔、轴公差带。

因为采用基孔制,所以孔为基准孔,则孔的公差带代号为 ϕ40H8,即 $EI=0$, $ES=+39\mu m$。

因采用基孔制间隙配合,所以轴的基本偏差应从 a~h 中选取,其基本偏差为上偏差。选出轴的基本偏差应满足下述三个条件。

$$\begin{cases} X_{min} = EI - es \geqslant [X_{min}] \\ X_{max} = ES - ei \leqslant [X_{max}] \\ es - ei = T_d = IT7 \end{cases}$$

式中,$[X_{min}]$ 为允许的最小间隙;$[X_{max}]$ 为允许的最大间隙。

解方程组得

$$es \leqslant EI - [X_{min}]$$
$$es \geqslant ES + IT7 - [X_{max}]$$

则 $-26\mu m \leqslant es \leqslant -20\mu m$。

按基本尺寸 ϕ40 和 $-26\mu m \leqslant es \leqslant -20\mu m$ 的要求查表 2.7,得轴的基本偏差代号为 f。

故其公差带的代号为 ϕ40f7,即 $es = -25\mu m$, $ei = es - T_d = -50\mu m$

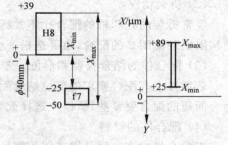

图 2.27　ϕ40H8/f7 公差带

(3) 确定配合代号为 ϕ40H8/f7。

(4) ϕ40H8/f7 的孔、轴尺寸公差带和配合公差带图如图 2.27 所示。

(5) 由图 2.18 和图 2.19 可知:孔 ϕ40H8 和轴 ϕ40f7 均为优先选用的公差带。

由表 2.10 可知,ϕ40H8/f7 的配合为优先配合。

习　题

2.1　已知两根轴,其中 $d_1 = 45mm$,其公差值 $T_{d_1} = 5\mu m$, $d_2 = 180mm$,其公差值 $T_{d_2} = 25\mu m$。试比较以上两根轴加工的难易程度。

2.2　试用标准公差、基本偏差数值表查出下列公差带的上、下偏差数值。

(1) 轴：① $\phi32$d8，② $\phi70$h11，③ $\phi28$k7，④ $\phi80$p6，⑤ $\phi120$v7

(2) 孔：① $\phi40$C8，② $\phi300$M6，③ $\phi30$JS6，④ $\phi6$J6，⑤ $\phi35$P8

2.3　已知 $\phi50\ \dfrac{\text{H6}(^{+0.016}_{0})}{\text{r5}(^{+0.045}_{+0.034})}$，$\phi50\ \dfrac{\text{E7}(^{+0.075}_{+0.050})}{\text{h6}(^{0}_{-0.016})}$，试不查表确定 $\phi50$e5 和 $\phi50$R6 的极限偏差。

2.4　已知 $\phi30$N7$(^{-0.007}_{-0.028})$ 和 $\phi30$t6$(^{+0.054}_{+0.041})$，试不查表计算 $\phi30\ \dfrac{\text{H7}}{\text{n6}}$ 与 $\phi30\ \dfrac{\text{T7}}{\text{h6}}$ 的配合公差，并画出尺寸公差带图和配合公差带图。

2.5　设孔、轴基本尺寸和使用要求如下。

(1) D(d)＝$\phi35$mm，$X_{\max}=+120\mu$m，$X_{\min}=+50\mu$m

(2) D(d)＝$\phi40$mm，$Y_{\max}=-80\mu$m，$Y_{\min}=-34\mu$m

(3) D(d)＝$\phi60$mm，$X_{\max}=+50\mu$m，$Y_{\max}=-32\mu$m

试确定各组的配合制、公差等级及其配合代号，并画出尺寸公差带图和配合公差带图。

第3章 形状和位置公差

3.1 概　　述

在零件加工过程中,由于工艺系统各种因素的影响,零件的几何要素会产生制造误差。这些误差包括尺寸误差、形状误差(包括宏观几何形状误差、波度和表面粗糙度)以及位置误差,如图 3.1 所示,其中 A、A_1 和 A_2 是实际尺寸,e 为偏差。零件的形状和位置误差(简称形位误差)对产品的使用性能和寿命有很大影响。光滑工件的间隙配合中,形状误差使间隙分布不均匀,加速局部磨损,零件工作寿命降低;在过盈配合中造成各处过盈量不一致而影响连接强度;对于在精密、高速、重载或在高温、高压条件下工作的仪器或机器的影响更大。如图 3.2 所示,零件的形位误差越大,其几何参数的精度越低。为了保证机械产品的质量和互换性,应该对零件规定形状和位置公差(简称形位公差),用以限制形位误差。

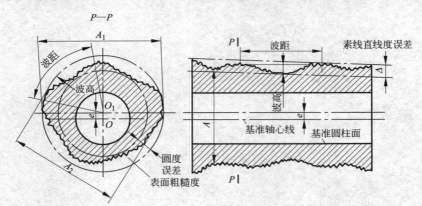

图 3.1　零件的几何误差

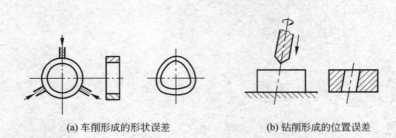

图 3.2　切削加工形成的形位误差

本章主要介绍以下各项标准的主要内容。

GB/T 1182—2018　产品几何技术规范(GPS)　几何公差　形状、方向、位置和跳动公差标注

GB/T 13319—2003　产品几何量技术规范(GPS)　几何公差　位置度公差注法

GB/T 17773—1999　形状和位置公差　延伸公差带及其表示法

GB/T 1958—2017　产品几何技术规范(GPS)　几何公差　检测与验证

GB/T 1184—1996　形状和位置公差　未注公差值

GB/T 275—2015　滚动轴承　配合

GB/T 10095.1—2008　圆柱齿轮　精度制　第 1 部分：轮齿同侧齿面偏差的定义和允许值

GB/T 10095.2—2008　圆柱齿轮　精度制　第 2 部分：径向综合偏差与径向跳动的定义和允许值

此外,作为贯彻上述标准的技术保证还发布了圆度、直线度、平面度检验标准以及位置量规标准等。

1. 形位公差的研究对象

形位公差是研究构成零件几何特征的点、线、面等几何要素(geometric feature)。如图 3.3 所示的零件,它是由平面、圆柱面、圆锥面、素线、轴线、球心和球面构成的。当研究这个零件的形位公差时,涉及对象就是这些点、线、面。

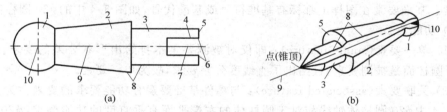

图 3.3　零件的几何要素

1—球面；2—圆锥面；3—圆柱面；4—两平行平面；5—端平面；
6—棱线；7—中心平面；8—素线；9—轴线；10—球心

如图 3.4 所示,为了便于研究形位公差,可将零件几何要素分类如下。

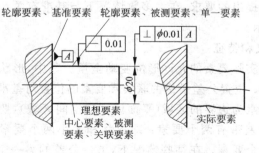

图 3.4　零件几何要素归类

1) 结构特征

(1) 轮廓要素(profile feature):构成零件外形为人们可直接感觉到的点、线、面。如图 3.3 所示的圆柱面和圆锥面及其他表面素线、球面、平面等,都是轮廓要素。零件内部形体表面,如内孔圆柱面等也是轮廓要素。

(2) 中心要素(central feature):是具有对称关系的轮廓要素的对称中心点、线、面。

其特点是实际零件不存在具体的形体而是人为给定的,它不能为人们直接感觉到,而是通过相应的轮廓要素才能体现出来的。如图 3.3 中的圆柱体轴线,它是由圆柱体上各横截面轮廓的中心点(即圆点)所连成的线;零件上的中心线、中心面、球心和中心点等属于中心要素。

2) 存在状态

(1) 理想要素(ideal feature):是仅具有几何意义的要素,它是按设计要求,由图样给定的点、线、面的理想形态,它不存在任何误差是绝对正确的几何要素。理想要素作为评定实际要素的依据,在生产中是不可能得到的。

(2) 实际要素(real feature):零件加工后实际存在的要素,通常由测得的要素来代替。由于有测量误差存在,所以,测得要素并非实际要素的真实情况。

3) 作用

(1) 被测要素(tolerance feature):在图样上给出形位公差要求的要素称为被测要素。如图 3.4 中的 φ20 圆柱面和 φ20 圆柱体轴线都给出了形位公差要求,因此它们都属于被测要素。

(2) 基准要素(datum feature):零件上用来确定被测要素的方向或位置的要素称为基准要素。基准要素在图样上都标有基准符号或基准代号,如图 3.4 中的 φ20 圆柱体左端面。

4) 功能关系

(1) 单一要素(single feature):即仅对被测要素本身给出形状公差的要求。如图 3.4 中 φ20 圆柱面是被测要素,且给出了直线度公差要求,故为单一要素。

(2) 关联要素(associated feature):与零件基准要素有功能要求的要素称为关联要素。如图 3.4 中 φ20 圆柱体轴线相对于圆柱体的左端平面有垂直度的功能要求,φ20 圆柱体轴线是被测关联要素。

2. 形位公差的项目及符号

国家标准将形位公差共分为 14 个项目,其中形状公差分为 6 个项目,它是对单一要素提出的要求;位置公差分为 8 个项目,包括三个定向公差、三个定位公差及两个跳动公差。位置公差是对关联要素提出的要求,在大多数情况下与基准有关。每个公差项目都规定了专用符号,如表 3.1 所示。

3. 形位公差的意义和特征

形位公差是指被测实际要素的允许形位变动全量。其中,形状公差是指单一实际要素的形状所允许的变动量;位置公差是指关联实际要素的位置对基准所允许的变动量。形位公差带是以一个理想要素为边界的区域(平面区域或空间区域),要求实际被测要素处处不得超出该区域。形状公差带有两个要素:即形状和大小两个要素;而位置公差带则有形状、大小、方向和位置 4 个要素。在某些情况下,形位公差的另一个意义是:形位公差是一个数值,要求被测实际要素的误差变动量不超出该数值。从这一意义上说,形位公差即形位公差值,它是对形位公差带大小的描述。通常情况下,形位公差带的大小是指公差带的宽度 t 或直径 ϕt,其中 t 为公差值。

1) 形状

形位公差带的形状随实际被测要素的结构特征、所处的空间以及要求控制方向的差异而有所不同,根据国家标准,形位公差带的形状主要有以下 9 种。

表 3.1　形位公差项目及符号

公　　　差		特　　征	符　　　　号	有无基准要求
形状	形状	直线度	——	无
		平面度	▱	无
		圆度	○	无
		圆柱度	⌀	无
形状或位置	轮廓	线轮廓度	⌒	有或无
		面轮廓度	⌓	有或无
位置	定向	平行度	∥	有
		垂直度	⊥	有
		倾斜度	∠	有或无
	定位	同轴(同心)度	◎	有
		对称度	═	有
		位置度	⊕	有
	跳动	圆跳动	↗	有
		全跳动	↗↗	有

（1）一个圆内的区域，如图 3.5（a）所示。

（2）两同心圆之间的区域，如图 3.5（b）所示。

（3）两同轴圆柱面之间的区域，如图 3.5（c）所示。

（4）两等距曲线之间的区域，如图 3.5（d）所示。

（5）两平行直线之间的区域，如图 3.5（e）所示。

（6）圆柱面内的区域，如图 3.5（f）所示。

（7）两等距曲面之间的区域，如图 3.5（g）所示。

（8）两平行平面之间的区域，如图 3.5（h）所示。

（9）一个球面内的区域，如图 3.5（i）所示。

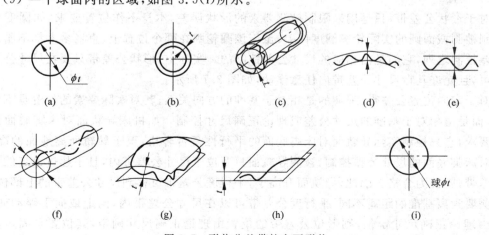

图 3.5　形位公差带的主要形状

2）大小

公差带的大小是指公差标注中公差值的大小,它是指允许实际要素变动的全量,它的大小表明形状位置精度的高低,按上述公差带的形状不同,可以是指公差带的宽度或直径,这取决于被测要素的形状和设计的要求,设计时可在公差值前加与不加符号 ϕ 给予区别。对于同轴度和任意方向上的轴线直线度、平行度、垂直度、倾斜度和位置度等要求,所给出的公差值应该是直径值,公差值前必须加符号 ϕ。对于空间点的位置控制,有时要求任意方向,则用到球状公差带,符号应为 $S\phi$。

对于圆度、圆柱度、轮廓度(包括线和面)、平面度、对称度和跳动等公差项目,公差值只可能是宽度值;对于在一个方向上、两个方向上或一个给定平面内的直线度、平行度、垂直度、倾斜度和位置度所给出的一个或两个互相垂直方向的公差值也均为宽度值。

3）方向

在评定形位误差时,形状公差带和位置公差带的放置方向直接影响到误差评定的正确性。

如图 3.6 所示,对于形状公差带,其放置方向应符合最小条件(见形位误差评定)。对于定向位置公差带,由于控制的总是方向,故其放置方向要与基准要素成绝对理想的方向关系,即平行、垂直或理论正确的其他角度关系。对于定位位置公差,除点的位置度公差外,其他控制位置的公差带都有方向问题,其放置方向由相对于基准的理论正确尺寸来确定。

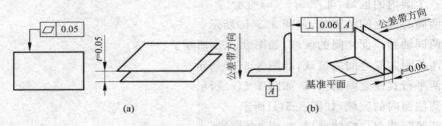

图 3.6　形位公差带方向

4）位置

对于形状公差带,只是用来限制被测要素的形状误差,本身不作位置要求,如圆度公差带限制被测截面圆的实际轮廓圆度误差,至于该圆轮廓在哪个位置上、直径多大都不属于圆度公差控制之列,它们是由相应的尺寸公差控制的。实际上,形状公差带只要在尺寸公差带内便可,且允许其在尺寸公差带内任意浮动,如图 3.7 所示。

对于定向位置公差带,强调的是相对于基准的方向关系,其对实际要素的位置是不作控制的,而是由相对于基准的尺寸公差或理论正确尺寸控制。如机床导轨面对床脚底面的平行度要求,它只控制实际导轨面对床脚底面的平行性是否合格,至于导轨面离地面的高度,由其对床脚底面的尺寸公差控制,被测导轨面只要位于尺寸公差带内,且不超过给定的平行度公差带,就视为合格。因此,导轨面升高了,平行度公差带可移到尺寸公差带的上部位置,但被测要素离基准的距离不同,平行度公差带可以在尺寸公差带内,向上或向下浮动变化。如果由理论正确尺寸定位,则形位公差带的位置由理论正确尺寸确定,其位置是固定不变的,如图 3.8 所示。

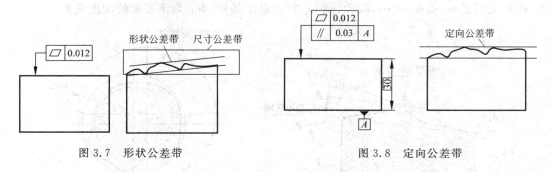

图 3.7　形状公差带　　　　　　　　　　　　　　图 3.8　定向公差带

如图 3.9 所示，对于定位位置公差带，强调的是相对于基准的位置（其必包含方向）关系，公差带的位置由相对于基准的理论正确尺寸确定，公差带是完全固定放置的。其中，同轴度、对称度的公差带位置与基准（或其延伸线）位置重合，即理论正确尺寸为 0，而位置度则应在 x,y,z 坐标上分别给出理论正确尺寸。

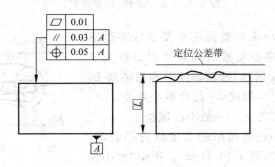

图 3.9　定位公差带

3.2　形 状 公 差

1. 形状公差的概念

形状公差（form tolerance）是单一实际被测要素对其理想要素的允许变动量。形状公差用形状公差带来表达，用以限制零件实际要素的变动范围。若零件实际要素在此区域内变动，零件合格；若零件实际要素的变动范围超出形状公差带区域，零件不合格。

2. 形状误差的评定准则

1）形状误差的评定准则——最小条件

在被测实际要素与理想要素作比较以确定其变动量时，由于理想要素所处位置的不同，得到的最大变动量也会不同。因此，评定实际要素的形状误差时，理想要素相对于实际要素的位置，必须符合一个统一的准则，这个准则就是最小条件。

最小条件就是理想要素位于零件实体之外与实际要素接触，并使被测要素对理想要素的最大变动量为最小。如图 3.10(a)所示，A_1B_1、A_2B_2 和 A_3B_3 等是理想要素可能的位置，实际要素相应的最大变动量分别为 h_1、h_2 和 h_3 等。其中，h_1 为最小，即有关系式 $h_1<h_2<h_3<\cdots$，因此，A_1B_1 符合最小条件，h_1 为该要素的直线度误差。如图 3.10(b)所示，圆 O_1 和圆 O_2 是理想要素可能的位置，实际要素相应的最大变动量分别为 ϕc_1 和 ϕc_2。其中，ϕc_1 最

小,即有关系式 $\phi c_1 < \phi c_2 < \cdots$,因此,圆 O_1 符合最小条件,ϕc_1 为该要素的圆度误差。

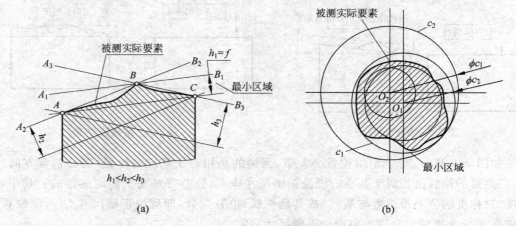

图 3.10　最小条件(轮廓要素)

对于中心要素,最小条件就是理想要素应穿过实际中心要素,并使实际中心要素对理想要素的最大变动量为最小。如图 3.11 所示,被测轴线对理想轴线 L_1 的最大变动量 ϕd_1 为最小,因此 L_1 符合最小条件。

2) 形状误差的评定方法——最小区域法

形状误差值用最小包容区域的宽度或直径表示,如图 3.10 中的 h_1、ϕc_1 和图 3.11 的 ϕd_1。所谓"最小包

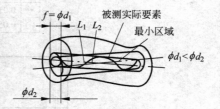

图 3.11　最小条件(中心要素)

容区域"是指包容被测实际要素且具有最小宽度或直径的区域。最小包容区域法的形状与形状公差带相同,而大小、方向及位置则根据实际要素而定。按最小包容区域法评定形状误差的方法称为最小区域法。在实际测量时,只要能满足零件功能要求,也允许近似的评定方法。

3. 形状公差的项目

形状公差有直线度、平面度、圆度、圆柱度、线轮廓度、面轮廓度 6 个项目。形状公差值用公差带的宽度或直径表示;形状公差带的形状、方向、位置、大小随被测要素的几何特征和功能要求而定。

1) 直线度公差

直线度(straightness)公差是单一实际直线所允许的变动全量。用于控制直线、轴线的形状误差。根据零件的功能要求,直线度可分为在给定平面内、在给定方向上和任意方向上三种情况。

(1) 在给定平面内

在给定平面内,直线度公差带是距离为公差值 t 的两平行直线之间的区域。如图 3.12 所示,形位公差框格中标注的 0.02 的意义是:被测表面的素线必须位于平行于图样所示投影而且距离为公差值 0.02 的两平行直线内。

(2) 在给定方向上

如图 3.13 所示,形位公差框格中标注的 0.03 的意义是:被测零件轮廓素线必须位于距离为公差值 0.03 的两平行平面之间的区域。

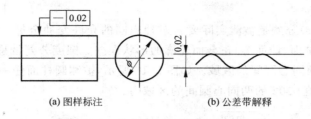

(a) 图样标注　　　　　　　　(b) 公差带解释

图 3.12　给定平面内直线度公差带

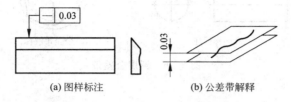

(a) 图样标注　　　　　　　　(b) 公差带解释

图 3.13　给定一个方向的直线度公差带

（3）任意方向上

直线度公差带是直径为公差值 ϕt 的圆柱面内的区域,用于被测要素任意方向上的形状误差均需控制的情况。如图 3.14 所示,该项直线度公差的含义为 ϕd 圆柱体的轴线必须位于直径为公差值 $\phi 0.04$mm 的圆柱体内。标准中规定,在形位公差值前加注"ϕ",表示其公差带为一个圆柱面内的区域。

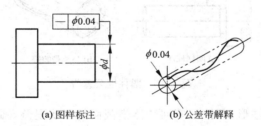

(a) 图样标注　　　　　　　　(b) 公差带解释

图 3.14　任意方向上的直线度公差带

2）平面度

平面度(flatness)公差是单一实际平面所允许的变动全量。平行度公差用于控制平面的形状误差,其公差带是距离为公差值 t 的两平行平面之间的区域。如图 3.15 所示,实际平面必须位于间距为公差值 0.1 的两平行平面间的区域内。

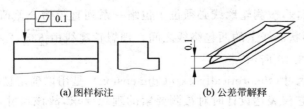

(a) 图样标注　　　　　　　　(b) 公差带解释

图 3.15　平面度公差带

3）圆度

圆度(roundness)公差是被测实际要素对理想圆的允许变动全量。它用来控制回转体表面(如圆柱面、圆锥面、球面等)正截面轮廓的形状误差。圆度公差带是在同一正截面上半径差为公差值 t 的两同心圆间的区域。如图 3.16 所示，被测圆柱面任一正截面的轮廓必须位于半径差为公差值 0.02 的两同心圆间的区域内。

(a)图样标注　　　　(b)公差带解释

图 3.16　圆度公差带

4）圆柱度

圆柱度(cylindricity)公差是被测实际要素对理想圆柱所允许的变动全量。它用来控制被测实际圆柱面的形状误差。圆柱度公差带是半径差为公差值 t 的两同轴圆柱面间的区域。如图 3.17 所示，被测圆柱面必须位于半径差为公差值 0.03 的两同轴圆柱面间的区域内。

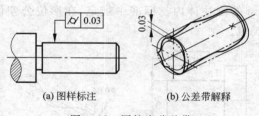

(a)图样标注　　　　(b)公差带解释

图 3.17　圆柱度公差带

圆度公差是控制圆柱形、圆锥形等回转体横截面的形状误差，圆柱度公差则综合控制圆柱面纵横截面的各种形状误差，如正截面的圆度、素线的直线度和过轴线纵向截面上两条素线的平行度误差等。

5）线轮廓度

线轮廓度(profile of line)公差是实际轮廓线所允许的变动全量。当线轮廓度公差未标注基准时，属于形状公差。此时公差带是包络一系列直径为公差值 t 的圆的两包络线之间的区域，诸圆的圆心位于具有理论正确几何形状的线上。如图 3.18 所示，在平行于图样所示投影面的任一截面内，被测轮廓线必须位于包络一系列直径为公差值 $\phi0.04$，且圆心位于具有理论正确几何形状的线上的两包络线之间。理想轮廓线由 $\boxed{R35}$、$2\times\boxed{R10}$ 和 $\boxed{30}$ 确定，其位置是浮动的，如图 3.18 所示。

所谓"理论正确尺寸(theoretically exact dimension)"是用以确定被测要素的理想形状、方向、位置的尺寸。它仅表达设计时对被测要素的理想要求，故该尺寸不附带公差，而该要素的形状、方向和位置误差则由给定的形状公差来控制，实际测量时，理想轮廓线尺寸是用计量器具的尺寸来体现的。

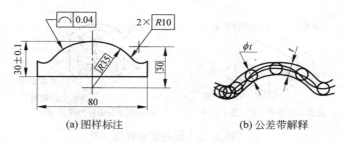

(a) 图样标注   (b) 公差带解释

图 3.18 线轮廓度公差带

6) 面轮廓度

面轮廓度(profile of surface)公差是指被测实际要素相对于理想轮廓面所允许的变动全量。它用来控制空间曲面的形状或位置误差。面轮廓度是一项综合公差,它既控制面轮廓度误差,又可控制曲面上任一截面轮廓的线轮廓度误差。其公差带是包络一系列直径为公差值 t 的球的两包络面之间的区域,诸球的球心位于具有理想正确几何形状的面上,如图 3.19 所示。理想轮廓面由 $\boxed{SR}$ 确定,此时,轮廓面的位置是浮动的。

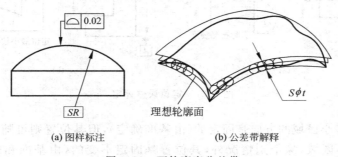

(a) 图样标注   (b) 公差带解释

图 3.19 面轮廓度公差带

3.3 位置公差

位置公差(position tolerance)指关联实际要素的位置对基准所允许的变动全量,用来限制位置误差。位置误差是指被测实际要素对理想要素位置的变动量。根据被测要素和基准要素之间的功能关系,位置公差可分为定向、定位和跳动公差三类,并具有各自的特点。

1. 位置误差的评定

1) 定向误差

定向误差值用定向最小包容区域的宽度或直径表示。定向最小包容区域是指按理想要素的方向来包容被测实际要素,且具有最小宽度或直径的包容区域,如图 3.20 所示。

由于确定形状误差值的最小包容区域,其方向随被测实际要素的状况而定,而确定定向误差值的定向最小包容区域的方向则由基准确定,其方向是固定的。因而,对同一被测要素,定向误差是包含形状误差的。当零件上某要素既有形状精度要求,又有定向精度要求时,设计者对该要素所给定的形状公差应小于或等于定向公差,否则会产生矛盾。

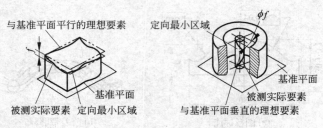

图 3.20　定向误差评定

2）定位误差

定位误差值用定位最小包容区域的宽度或直径表示。定位最小包容区域是指以理想要素定位来包容实际要素,且具有最小宽度或直径的包容区域,如图 3.21 所示。

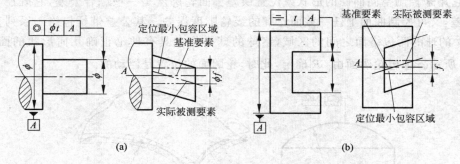

图 3.21　定位误差评定

事实上定向最小区域的方向是固定的(由基准确定),但其位置则可随实际要素的状态变动;而定位最小区域,除个别情况外,其位置是固定不变的(由基准和理论正确尺寸确定)。因而定位误差包含定向误差。若零件上某要素同时有方向和位置精度要求,则设计者给定的定向公差应小于或等于定位公差。

3）跳动误差

跳动误差是当被测实际要素绕基准轴线作回转,并以指示器测量被测要素表面时,用测量点的示值变动来反映的几何误差。跳动误差与测量方法有关,是被测要素形状误差和位置误差的综合反映。

跳动误差值的大小由指示器示值的变动确定,例如圆跳动即为被测实际要素绕基准轴线作无轴向移动回转一周时,由位置固定的指示器在给定方向上测得的最大与最小示值的差。

2. 基准

1）基准的含义和作用

基准是确定被测要素方向或位置的参照要素。图样上标出的基准要素都是理想的,不存在形状误差。否则,难以说明被测要素的方向或位置误差。如图 3.22(a)所示,上平面对基准平面 A 有平行度要求,若实际尺寸 H_1、H_2、…、H_n 都相等,由于基准实际要素存在形状误差,就难以评定被测要素的平行度误差的大小,但相对于基准来说,却有平行度误差 f。又如图 3.22(b)所示,一孔相对于基准平面 A 和 B 有位置度要求,由于基准要素存在形误差,两基准要素间还存在方向误差,因此孔的位置度误差也就无从评定了。这说明基准要素的方向误差也会影响被测要素形位误差的评定。显然,基准是理想要素时,评定如图 3.22 所示的平行度和位置度误差就明确了。

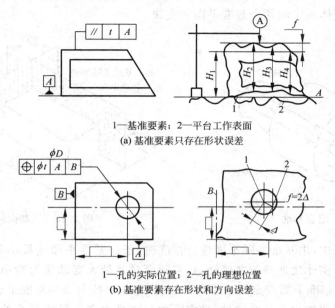

1—基准要素；2—平台工作表面
(a) 基准要素只存在形状误差

1—孔的实际位置；2—孔的理想位置
(b) 基准要素存在形状和方向误差

图 3.22　基准要素存在形位误差

2) 基准的种类

(1) 单一基准

一个要素建立的基准称为单一基准。由实际轴线建立基准轴线时,基准轴线为穿过基准实际轴线,且符合最小条件的理想轴线,如图 3.23(a)所示；由实际表面建立基准平面时,基准平面为处于材料之外并与基准实际表面接触,符合最小条件的理想平面,如图 3.23(b)所示。

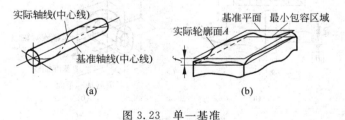

图 3.23　单一基准

(2) 组合基准(公共基准)

凡由两个或两个以上的要素建立一个独立的基准称为组合基准或公共基准。组合基准是这些实际要素所共有的理想轴线或理想平面,是作为单一基准使用的一组独立要素。如图 3.24 所示,由两条或两条以上实际轴线建立公共基准轴线时,公共基准轴线为这些实际轴线所共有的一条理想轴线,该理想轴线的位置,应符合最小条件。

(3) 三基面体系

确定某些被测要素的方向或位置,从功能要求出发,常常需要超过一个基准。为了与空间直角坐标一致,规定以三个互相垂直的平面构成一个基准体系——三基面体系,如图 3.25 所示。这三个互相垂直的平面都是基准平面。每两个基准平面的交线构成基准轴线,三轴线的交点构成基准点。由此可见,上面提到的单一基准平面是三基面体系中的一个基准平面;基准轴线是三基面体系中的两个基准平面的交线。

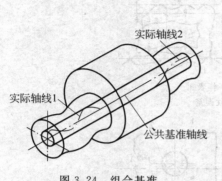

图 3.24　组合基准

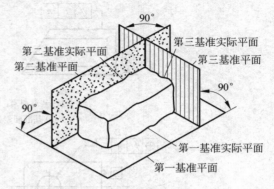

图 3.25　三基面体系

在三基面体系中,由基准实际平面建立基准时,第一基准平面按最小条件建立,即以位于第一基准实际面实体之外并与之接触,且实际面对其最大变动量为最小的理想平面为第一基准平面;第二基准平面按定向最小条件建立,即在保持与第一基准平面垂直的前提下,在第二基准实际面实体之外与之接触,且实际面对其最大变动量为最小的理想平面为第二基准平面;以同时垂直于第一基准平面和第二基准平面,位于第三基准实际表面体外与该平面至少有一点接触的理想平面为第三基准平面。

在实际应用中,三基面体系不仅可由三个相互垂直的平面构成,也可由一根轴线和与其垂直的平面所构成,如图 3.26(a)所示。图中,基准 A(端面)为第一基准平面,基准轴线 B 为第二与第三基准平面的交线(如图 3.26(b)所示)。

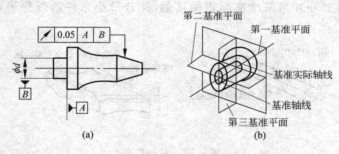

图 3.26　三基面体系

应用三基面体系时,设计者在图样上标注基准应特别注意基准的顺序,在加工或检验时,不得随意更换这些基准顺序。确定关联被测要素位置时,可以同时使用三个基准平面,也可使用其中的两个或一个。由此可知,单一基准平面是三基准体系中的一个基准平面。

(4) 任选基准

任选基准是指有相对位置要求的两要素中,基准可以任意选定。它主要用于两要素的形状、尺寸和技术要求完全相同的零件,或在设计要求中,各要素之间的基准有可以互换的

条件,从而使零件无论上下、反正或颠倒装配仍能满足
互换性要求。如图 3.27 所示为任选基准标注示例。

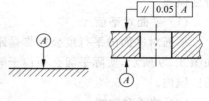

图 3.27 任选基准

3) 基准的选择

图样上标注位置公差时,都有一个正确选定基准
的问题。基准的选定首先要满足零件的功能要求,还
应考虑所选基准应使加工方便,检测也方便。通常可
以从下面几方面来考虑。

(1) 从设计考虑,应根据零件形体的功能要求及要素间的几何关系来选择基准。例如,
对于旋转的轴件,常选用与轴承配合的轴颈表面或轴两端的中心孔作基准。

(2) 从加工工艺考虑,应选择零件加工时在夹具中定位的相应要素作基准。

(3) 从测量考虑,应选择零件在测量、检验时在计量器具中定位的相应要素为基准。

(4) 从装配关系考虑,应选择零件相互配合、相互接触的表面作基准,以保证零件的正
确装配。

(5) 比较理想的基准是设计、加工、测量和装配基准是同一要素,也就是遵守基准统一
的原则。

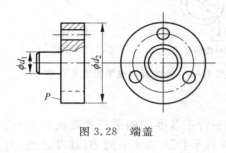

图 3.28 端盖

通常定向公差项目只需要单一基准;定位公差
项目中的同轴度、对称度,可以是单一基准,也可以是
组合基准;对于位置度公差,多采用三基面体系。例
如,如图 3.28 所示的端盖,装配时要求端面贴合,ϕd_1
轴销与其他零件的孔配合有定位要求,当确定该零件
上的三个孔的位置度公差时,就需要将端面 P 和 ϕd_1
轴销的轴线作为基准要素,建立一个基准体系。若以
端面贴合为主,则以端面 P 为第一基准,ϕd_1 轴销的

轴线为第二基准。如果以 ϕd_1 轴销与孔配合的定位要求为主,则应以如 ϕd_1 轴销的轴线为
第一基准,端面 P 为第二基准。

3. 定向公差的项目

定向公差(orientation tolerance)是关联被测要素和基准要素在规定方向上所允许的变
动全量,定向公差与其他形位公差比较有以下两个明显的特点。

(1) 定向公差带相对于基准有确定的方向,并且在相对于基准保持定向的条件下,公差
带的位置可以浮动。

(2) 定向公差带具有综合控制被测要素的方向和形状的职能。在保证功能要求的前提
下,当对某一被测要素给出定向公差后,通常不再对该被测要素给出形状公差。除非对它的
形状精度提出进一步要求,可以再给出形状公差,但此时形状公差值必须小于定向公差值。

根据被测要素对理想要素的给定方向不同,定向公差分为平行度、垂直度、倾斜度三个
项目。

1) 平行度公差

平行度公差(parallelism tolerance)用于限制实际被测要素对基准在给定平行方向上的
变动量,即用来控制零件被测要素(平面或直线)相对于基准要素(平面或直线)在 0°方向上
的偏离程度。平行度公差用来控制平面对平面、轴线对轴线、平面对轴线、轴线对平面的平

行度误差。

(1) 平面对平面

平面对平面的平行度公差带是距离为公差值 t，且平行于基准的两平行平面间的区域。如图 3.29 所示，实际平面必须位于间距为公差值 0.05，且平行于基准面 A 的两平行平面间的区域内。

(2) 轴线对轴线

任意方向上的平行度公差带为直径为 ϕt，且轴线平行于基准轴线的圆柱面内的区域，注意公差值前应加注 ϕ。如图 3.30 所示，实际被测轴线必须位于直径为公差值 $\phi 0.1$，且轴线平行于基准轴线 A 的圆柱面内。

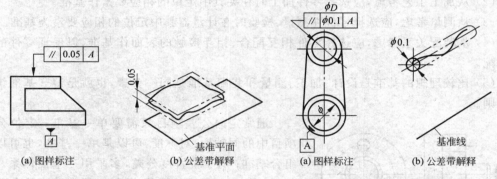

图 3.29　平面对平面平行度公差带　　　　图 3.30　轴线对轴线平行度公差带

(3) 轴线对平面

轴线对平面的平行度公差带是距离为公差值 t，且平行于基准的两平行平面间的区域。如图 3.31 所示，被测轴线必须位于距离为公差值 0.03 且平行于基准平面 B（基准表面）的两平行平面之间。

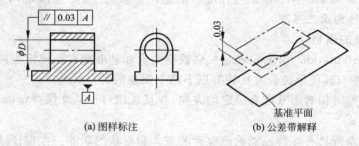

图 3.31　轴线对平面平行度公差带

(4) 平面对轴线

平面对轴线的平行度公差带为距离为公差值 t，且平行于基准的两平行平面间的区域。如图 3.32 所示，被测表面必须位于距离为公差值 0.1 且平行于基准轴线 A 的两平行平面之间。

2) 垂直度公差

垂直度公差(perpendicularity tolerance)用于限制实际被测要素对基准在给定垂直方向上的变动量，即用来控制零件被测要素（平面或直线）相对于基准要素（平面或直线）在

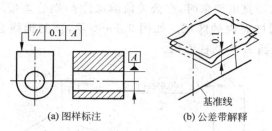

图 3.32　平面对轴线平行度公差带

90°方向上的偏离程度。垂直度公差用来控制平面对平面、轴线对轴线、平面对轴线、轴线对平面的平行度误差。

（1）平面对平面

平面对平面的垂直度公差带为距离为公差值 t，且垂直于基准的两平行平面间的区域。如图 3.33 所示，实际平面必须位于间距为公差值 0.08，且垂直于基准面 A 的两平行平面间的区域内。

（2）轴线对轴线

轴线对轴线的公差带是距离为公差值 t，且垂直于基准线的两平行平面之间的区域。如图 3.34 所示，被测轴线必须位于距离为公差值 0.06 且垂直于基准轴线 A 的两平行平面之间。

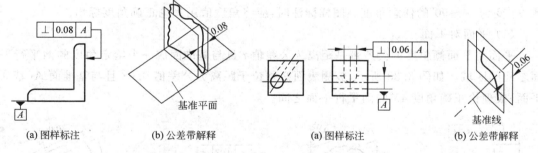

图 3.33　平面对平面垂直度公差带　　　　图 3.34　轴线对轴线垂直度公差带

（3）轴线对平面

轴线对平面的垂直度公差带为距离为公差值 t，且垂直于基准的两平行平面间的区域。如图 3.35 所示，被测轴线必须位于距离为公差值 0.1 且垂直于基准平面的两平行面之间。

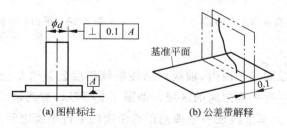

图 3.35　轴线对平面垂直度公差带

当给定任意方向的垂直度要求时,在公差值前加注ϕ,则公差带形状是直径为公差值ϕt且垂直于基准平面的圆柱面内的区域。如图 3.36 所示,被测轴线必须位于直径为公差值$\phi 0.05$且垂直于基准平面 A 的圆柱面内。

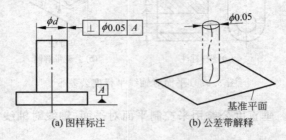

(a) 图样标注　　　　　　(b) 公差带解释

图 3.36　轴线对平面垂直度公差带(任意方向)

（4）平面对轴线

平面对轴线的垂直度公差带为距离为公差值 t,且垂直于基准的两平行平面间的区域。如图 3.37 所示,实际平面必须位于间距为公差值 0.05,且垂直于基准轴线 A 的两平行平面间的区域内。

3）倾斜度公差

倾斜度公差（angularity tolerance）与平行度、垂直度公差同理,倾斜度公差用来控制平面对平面、平面对轴线、轴线对轴线、轴线对平面的倾斜度误差,只是将理论正确角度从 0°或 90°变为 0°～90°的任意角度。图样标注时,应将角度值用理论正确角度标出。

（1）平面对平面

平面对平面倾斜度的公差带是距离为公差值 t 且与基准面成一个给定角度的两平行平面之间的区域。如图 3.38 所示,被测表面必须位于距离为公差值 0.08 且与基准面 A（基准平面）成理论正确角度 45°的两平行平面之间。

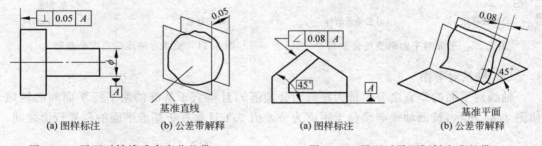

(a) 图样标注　　(b) 公差带解释　　　　(a) 图样标注　　(b) 公差带解释

图 3.37　平面对轴线垂直度公差带　　　　图 3.38　平面对平面倾斜度公差带

（2）轴线对轴线

被测线和基准线在同一平面内,轴线对轴线的倾斜度公差带是距离为公差值 t 且与基准线成一定角度的两平行平面之间的区域。如图 3.39 所示,被测轴线必须位于距离为公差值 0.08 且与 A—B 公共基准线成一个理论正确角度的平行平面之间。

（3）轴线对平面

轴线对平面的倾斜度公差带是距离为公差值 t 且与基准成一个给定角度的两平行平面

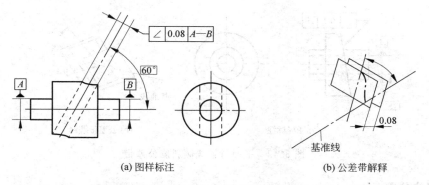

(a) 图样标注　　　　　　　　　　　　　　　(b) 公差带解释

图 3.39　轴线对轴线倾斜度公差带(被测线和基准线在同一平面内)

之间的区域。如图 3.40 所示,被测轴线必须位于距离为公差值 0.08 且与基准面 A(基准平面)成理论正确角度 60°的两平行平面之间的区域。

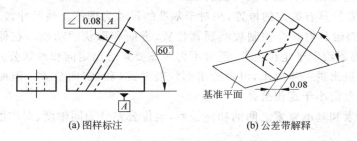

(a) 图样标注　　　　　　　　　　　　　　　(b) 公差带解释

图 3.40　轴线对平面倾斜度公差带

当给定任意方向的倾斜度要求时,需在公差值前加注 ϕ,则公差带是直径为公差值 ϕt 的圆柱面内的区域,该圆柱面的轴线应与基准平面成一个给定角度并平行于另一基准平面。如图 3.41 所示,被测轴线必须位于距离为公差值 $\phi 0.1$ 的圆柱面区域内,该公差带的轴线与基准表面 A(基准平面)成理论正确角度 60°并平行于基准平面。

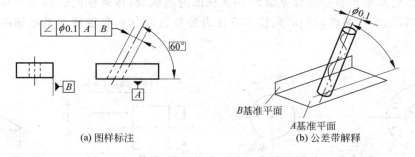

(a) 图样标注　　　　　　　　　　　　　　　(b) 公差带解释

图 3.41　轴线对平面倾斜度公差带(任意方向)

（4）平面对轴线

平面对轴线的倾斜度公差带是距离为公差值 t 且与基准 A(基准轴线)成理论正确角度的两平行平面之间的区域。如图 3.42 所示,被测表面必须位于距离为公差值 0.1 且与基准轴线 A 成理论正确角度 75°的两平行平面之间的区域。

|(a) 图样标注|(b) 公差带解释|

图 3.42　平面对轴线倾斜度公差带

4. 定位公差

定位公差(location tolerance)是关联实际被测要素对基准在位置上所允许变动的全量。定位公差是为了控制被测实际要素相对于基准保持正确位置所给定的加工要求。定位公差带与其他形位公差带比较有以下两方面特点。

(1) 定位公差带具有确定的位置,相对于基准的尺寸为理论正确尺寸。

(2) 定位公差带具有综合控制被测要素位置、方向和形状的功能。在保证功能要求的前提下,对被测要素给定了定位公差,通常不再对该要素给出定向和形状公差。除非对它的形状或(和)方向提出进一步要求,可再给出形状公差或(和)定向公差。但此时必须使定向公差大于形状公差而小于定位公差。

根据被测要素和基准要素之间的功能关系,定位公差分为同轴度、对称度和位置度三个项目。

1) 同轴度公差

同轴度公差(concentricity tolerance)用来控制被测轴线(中心点)相对于基准的同轴度误差。同轴度公差带是直径为 ϕt,且轴线与基准轴线重合的圆柱面内的区域,注意公差值前应加注 ϕ。对于点的同心度,公差带是直径为公差值 ϕt 且与基准圆心同心的圆内区域。如图 3.43 所示,外圆的圆心必须位于直径为公差值 $\phi 0.01$ 且与基准圆心同心的区域。对于轴线的同轴度,公差带是直径为公差值 ϕt 的圆柱面内的区域,该圆柱面的轴线与基准线同轴。如图 3.44 所示,实际被测轴线必须位于直径为公差值 $\phi 0.01$,且轴线与基准轴线 A 重合的圆柱面内。

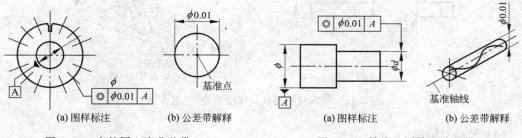

|(a) 图样标注|(b) 公差带解释|(a) 图样标注|(b) 公差带解释|

图 3.43　点的同心度公差带　　　　　图 3.44　轴线的同轴度公差带

2) 对称度公差

对称度公差(symmetry tolerance)用于控制被测要素(中心平面、中心线或轴线)相对于基准的对称度误差。理想要素的位置由基准确定。对称度公差带是距离为公差值 t,中心平面(或中心线、轴线)与基准中心要素(中心平面、中心线或轴线)重合的两平行平面(或两平行直线)之间的区域。如图 3.45 所示,槽的实际中心面必须位于距离为公差值 0.1,且相对于基准中心平面 $A—B$ 对称配置的两平行平面区域内。

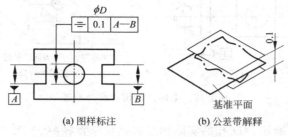

(a) 图样标注　　　　　　　　(b) 公差带解释

图 3.45　对称度公差带

3) 位置度公差

位置度公差(position tolerance)用于控制被测点、线、面的实际位置相对于其理想位置的位置度误差。理想要素的位置由基准及理论正确尺寸确定。根据被测要素的不同,位置度公差可分为点的位置度公差、线的位置度公差、面的位置度公差以及成组要素的位置度公差。位置度公差具有极为广泛的控制功能。原则上,位置度公差可以代替各种形状公差、定向公差和定位公差所表达的设计要求,但在实际设计和检测中还是应该使用最能表达特征的项目。

(1) 点的位置度公差

点的位置度公差带是直径为公差值 ϕt(平面点)或 $S\phi$(空间点),以点的理想位置为中心的圆或球面内的区域。

对于平面点,位置度公差带是直径为公差值 ϕt 的圆内的区域。圆公差带的中心点的位置由相对于基准 A 和 B 的理论正确尺寸确定。如图 3.46 所示,实际点必须位于直径为公差值 $\phi0.3$,圆心在相对于基准 A、B 距离为理论正确尺寸 40 和 30 的理想位置上的圆内。

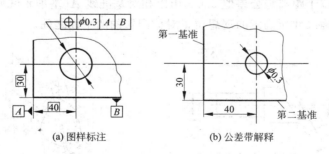

(a) 图样标注　　　　　　　　(b) 公差带解释

图 3.46　平面点的位置度公差带

对于空间点,位置度公差带是直径为公差值 $S\phi t$ 的球内区域,其公差带中心点的位置由相对于基准 A、B 和 C 的理论正确尺寸确定。如图 3.47 所示,被测球的球心位于相对基准为公差值 $\phi0.3$ 的球内且位于相对基准 A、B、C 的理论正确尺寸所确定的理想位置上。

(2) 线的位置度公差

任意方向上的线的位置度公差带是直径为公差值 ϕt,轴线在线的理想位置上的圆柱面

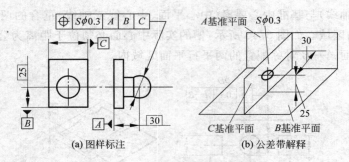

(a) 图样标注　　　　　　　(b) 公差带解释

图 3.47　空间点的位置度公差带

内的区域。如图 3.48 所示，ϕD 孔的实际轴线必须位于直径 $\phi 0.1$，轴线位于由基准 A、B、C 和理论正确尺寸 90°、30、40 所确定的理想位置的圆柱面区域内。

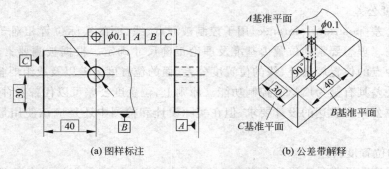

(a) 图样标注　　　　　　　(b) 公差带解释

图 3.48　线的位置度公差带

（3）面的位置度公差

面的位置度公差带是距离为公差值 t 且以面的理想位置为中心对称配置的两平行平面之间的区域。面的理想位置是由相对于三基面体系的理论正确尺寸确定的。如图 3.49 所示，被测表面必须位于距离为公差值 0.05，由以相对基准线 A（基准轴线）和基准表面 B（基准平面）的理想正确尺寸所确定的理想位置对称配置的两平面之间。

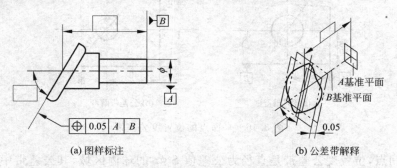

(a) 图样标注　　　　　　　(b) 公差带解释

图 3.49　面的位置度公差带

5. 跳动公差

跳动公差(run-out tolerance)是指关联实际要素绕基准轴线旋转一周或若干次旋转时，所允许的最大跳动量。跳动公差与其他形位公差相比，有以下两个明显的特点。

（1）跳动公差带相对于基准轴线有确定的位置。

（2）跳动公差带可以综合控制被测要素的位置、方向和形状。例如，端面全跳动公差既可以控制端面对回转轴线的垂直度误差，又可控制该端面的平面度误差；径向全跳动公差既可以控制圆柱表面的圆度、圆柱度、素线和轴线的直线度等形状误差，又可以控制轴线的同轴度误差。但并不等于跳动公差可以完全代替前面的项目。

跳动分为圆跳动和全跳动两个项目。圆跳动公差是被测要素某一固定参考点围绕基准轴线旋转一周时（零件和测量仪器间无轴向位移）允许的最大变动量。圆跳动公差适用于每一个不同的测量位置。圆跳动可能包括圆度、同轴度、垂直度或平面度误差，这些误差的总值不能超过给定的圆跳动公差。

全跳动公差是被测要素围绕基准线作若干次旋转，并在测量仪器与工件间同时作轴向的相对移动时允许的最大变动量。

1）圆跳动

圆跳动（circular run-out）公差是指关联实际被测要素相对于理想圆所允许的变动全量，其理想圆的圆心在基准轴线上。测量时实际被测要素绕基准轴线回转一周，指示表测量头无轴向移动。根据允许变动的方向，圆跳动公差可分为径向圆跳动公差、端面圆跳动公差和斜向圆跳动公差三种。

（1）径向圆跳动公差

径向圆跳动公差带是在垂直于基准轴线的任一测量平面内，半径差为圆跳动公差值 t，圆心在基准轴线上的两同心圆之间的区域。如图 3.50 所示，ϕd 轴在任一垂直于基准轴线 A 的测量平面内，其实际轮廓必须位于半径差为 0.05，圆心在基准轴线 A 上的两同心圆间的区域内。

（2）端面圆跳动公差

端面圆跳动公差带是在以基准轴线为轴线的任一直径的测量圆柱面上，沿其母线方向宽度为圆跳动公差值 t 的圆柱面区域。如图 3.51 所示，右端面的实际轮廓必须位于圆心在基准轴线 A 上的、沿母线方向宽度为 0.05 的圆柱面区域内。

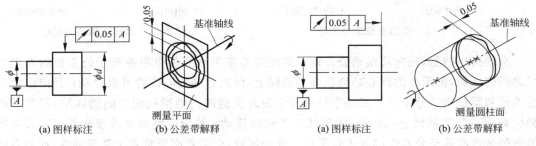

(a) 图样标注　(b) 公差带解释　　图 3.50　径向圆跳动公差带　　　　(a) 图样标注　(b) 公差带解释　　图 3.51　端面圆跳动公差带

（3）斜向圆跳动公差

斜向圆跳动公差带是在以基准轴线为轴线的任一测量圆锥面上，沿其母线方向宽度为圆跳动公差值 t 的圆锥面区域。如图 3.52 所示，被测圆锥面的实际轮廓必须位于圆心在基准轴线上，沿测量圆锥面素线方向宽度为 0.05 的圆锥面内。

注意：除特殊规定外，斜向圆跳动误差的测量方向是被测面的法向方向。

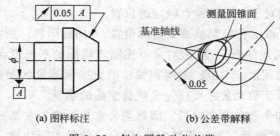

(a) 图样标注　　　　　　(b) 公差带解释

图 3.52　斜向圆跳动公差带

2) 全跳动公差

全跳动公差(total run-out)是指关联实际被测要素相对于理想回转面所允许的变动全量。当理想回转面是以基准轴线为轴线的圆柱面时,称为径向全跳动;当理想回转面是与基准轴线垂直的平面时,称为端面全跳动。

(1) 径向全跳动公差

径向全跳动公差带是半径差为公差值 t,以基准轴线为轴线的两同轴圆柱面内的区域。如图 3.53 所示,轴的实际轮廓必须位于半径差为 0.2,以公共基准轴线 $A—B$ 为轴线的两同轴圆柱面间的区域内。

(2) 端面全跳动公差

端面全跳动公差带是距离为全跳动公差值 t,且与基准轴线垂直的两平行平面之间的区域。如图 3.54 所示,右端面的实际轮廓必须位于距离为 0.05,且垂直于基准轴线 A 的两平行平面的区域内。

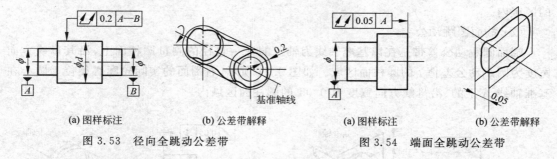

(a) 图样标注　　　(b) 公差带解释　　　　　(a) 图样标注　　　(b) 公差带解释

图 3.53　径向全跳动公差带　　　　　　图 3.54　端面全跳动公差带

必须指出的是,径向圆跳动公差带和圆度公差带虽然都是半径差等于公差值的两同心圆之间的区域,但前者的圆心必须在基准轴线上,而后者的圆心位置可以浮动;径向全跳动公差带和圆柱度公差带虽然都是半径差等于公差值的两同轴圆柱面之间的区域,但前者的轴线必须在基准轴线上,而后者的轴线位置可以浮动;端面全跳动公差带和平面度公差带虽然都是宽度等于公差值的两平行平面之间的区域,但前者必须垂直于基准轴线,而后者的方向和位置都可以浮动。

3.4　形位公差的标注方法

按 GB/T 1182—2018 规定,形位公差用公差框格标注,如图 3.55 所示。公差要求在矩形方框中给出。该方框由两格或多格组成,水平放置公差框格时,框格中的内容从左到右按顺序填写,依次为项目符号、公差值、基准符号和其他附加符号;竖直放置公差框格时,框格中的内容从左到右按顺序填写,依次为项目符号、公差值、基准符号和其他附加符号。

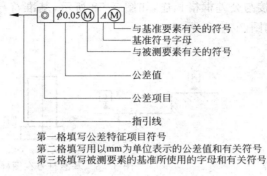

第一格填写公差特征项目符号
第二格填写用以mm为单位表示的公差值和有关符号
第三格填写被测要素的基准所使用的字母和有关符号

图 3.55　形位公差框格

1. 形位公差框格

1) 公差特征符号

根据零件功能要求,由设计者给定,如表 3.1 所示。

2) 公差值

用线性值,以毫米(mm)为单位表示。如果公差带是圆形或圆柱形的,则在公差值前加注 ϕ;如果是球形的,则在公差值前加注"$S\phi$"。

3) 基准

相对于被测要素的基准,由大写拉丁字母 A,B,C,…表示,为了不引起误解,字母 E、I、J、M、O、P、L、R、F 不采用,其余字母可按顺序采用。

(1) 基准符号在公差框格中的标注

① 单一基准要素用大写字母表示,如图 3.56(b)所示。

② 由两个要素组成的公共基准,用横线隔开的两个大写字母表示,如图 3.56(c)所示。

③ 由两个或两个以上要素组成的基准体系,如多基准的组合,表示基准的大写字母应按照优先次序从左至右分别置于各格中,在位置度公差中常采用三基面体系来确定要素间的相对位置,应将三个基准按第一基准,第二基准和第三基准的顺序从左至右分别标注在各小格中,而不一定是按 A,B,C,…字母的顺序排列。三个基准面的先后顺序是根据零件的实际使用情况,按一定的工艺要求确定的。通常第一基准选取最重要的表面,加工或安装时由三点定位,其余依次为第二基准(两点定位)和第三基准(一点定位),基准的多少取决于对被测要素的功能要求,如图 3.56(d)所示。

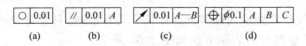

(a)　　　　　(b)　　　　　(c)　　　　　(d)

图 3.56　基准符号在公差框格中的标注

(2) 基准符号在图样上的标注

① 基准符号在图样上的标注用小方框与细实线和小黑三角相连表示,如图 3.57 所示,表示基准的字母也应注在公差框格内。

② 当基准要素是轮廓线或表面时,在要素的外轮廓线上或在它的延长线上(但应与尺寸线明显地错开)。基准符号标注在轮廓的引出线上时,可以放置在引出线的任意一侧,但基准符号的短线不能直接与公差框格相连,如图 3.58 所示,基准符号还可置于用圆点指向实际表面的参考线上,如图 3.59 所示。

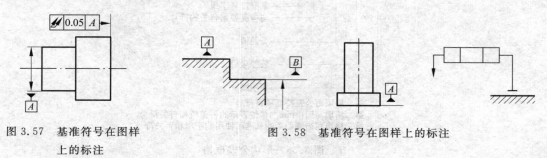

图 3.57 基准符号在图样
上的标注

图 3.58 基准符号在图样上的标注

③ 当基准要素是轴线、中心平面或由带尺寸的要素确定的点时,则基准符号中的线与尺寸线一致,如图 3.60 所示。

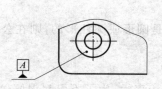

图 3.59 基准符号在图样上的标注

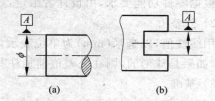

图 3.60 基准符号在图样上的标注

④ 公共基准的表示是在组成公共基准的两个同类基准代号的字母之间加短横线,如图 3.61 所示;对于有两个同类要素构成而作为一个基准使用的公共基准轴线,应对这两个同类要素分别标注基准符号,如图 3.62 所示。

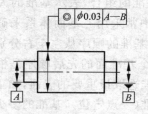

图 3.61 组合基准示例一

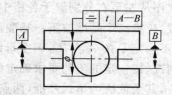

图 3.62 组合基准示例二

⑤ 当被测要素与基准要素允许对调而标注任选基准时,只要将表示基准符号的粗短横线改为箭头即可。任意基准的表示方法如图 3.63 所示。

⑥ 当形位公差要求适用于视图上的整个外轮廓线或整个外轮廓面时,可以使用全周符号,如图 3.64 所示。

⑦ 一般情况下,螺纹轴线作为基准要素时,均采用中径轴线作基准。此时,不需要加注任何符号。如采用螺纹大径轴线作基准则应加注"MD"表示,如采用螺纹小径轴线作基准则应加注"LD"表示,如图 3.65 所示。

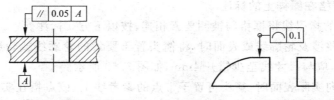

图 3.63　任选基准符号图样标注　　　　　图 3.64　全周符号图样标注

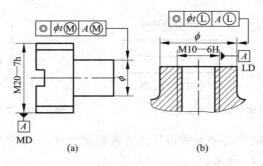

图 3.65　以螺纹轴线作基准的图样标注

⑧ 仅要求要素的某一部分作为基准,则该部分要素应用粗点画线表示,并加注尺寸,如图 3.66 所示。

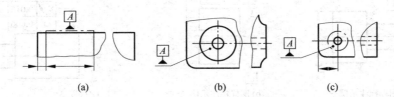

图 3.66　局部要素作基准的图样标注

4) 指引线

指引线用细实线表示。一端与公差框格相连,可从框格左端或右端引出,指引线引出时必须垂直于公差框格,另一端带有箭头。公差带的宽度方向就是指引线给定的方向,如图 3.67 所示;或者垂直于被测要素的方向,如图 3.68 所示。

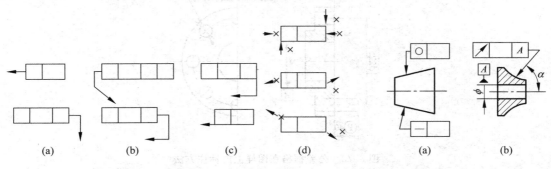

图 3.67　指引线在图样上的标注　　　　　图 3.68　指引线垂直于被测要素

2. 公差框格在图样上的标注

用带箭头的指引线将框格与被测要素相连,按以下方式标注。

(1) 当公差涉及轮廓线或表面时,将箭头置于要素的轮廓线或轮廓线的延长线与尺寸线明显地分开,应与尺寸线至少错开 4mm,如图 3.69 所示。

(2) 当指向实际表面时,箭头可置于带点的参考线上,该点指在实际表面上,如图 3.70 所示。

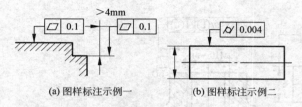
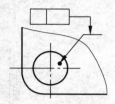

(a) 图样标注示例一　　　(b) 图样标注示例二

图 3.69　被测轮廓要素的标注方法　　　　　图 3.70　被测轮廓要素的标注方法

(3) 当公差涉及轴线、中心平面或带尺寸要素确定的点时,则带箭头的指引线应与尺寸线的延长线重合,如图 3.71 所示。

(4) 当对同一要素有一个以上的公差特征项目要求时,为方便起见,可将一个框格放在另一个框格的下方,如图 3.72 所示。

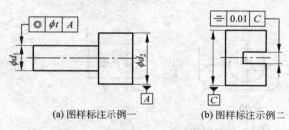
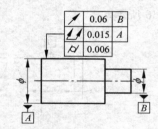

(a) 图样标注示例一　　　(b) 图样标注示例二

图 3.71　被测中心要素的标注方法　　　　　图 3.72　公差项目合并标注方法

(5) 当一个以上要素作为被测要素,应在框格上方标明,如"8×φ25H7""6 槽",如图 3.73 所示。

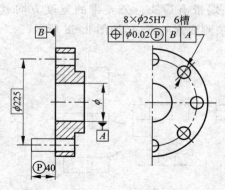

图 3.73　公差框格在图样上的标注方法

(6) 如果要求在公差带内进一步限定被测要素的形状，则应在公差值后面加注符号，如表 3.2 所示。

表 3.2　形位公差值后面加注的符号及其意义

含　义	符　号	举　例
只允许向材料内凹下	(−)	— | t(−)
只允许向材料外凸起	(+)	▱ | t(+)
只允许从左至右减小	(▷)	⌭ | t(▷)
只允许从左至右增大	(◁)	⌭ | t(◁)

(7) 对几个表面有同一数值的公差带要求，其表示方法如图 3.74 所示。

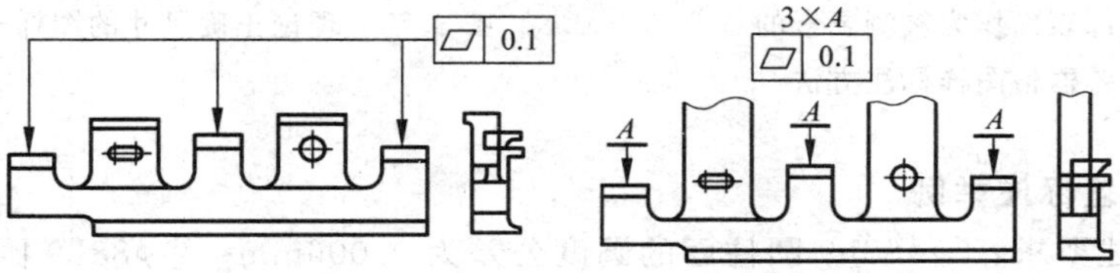

(a) 图样标注示例一　　　　(b) 图样标注示例二

图 3.74　公差框格在图样上的标注方法

(8) 用同一公差带控制几个被测要素时，应在公差框格上注明“共面”或“共线”，如图 3.75 所示。

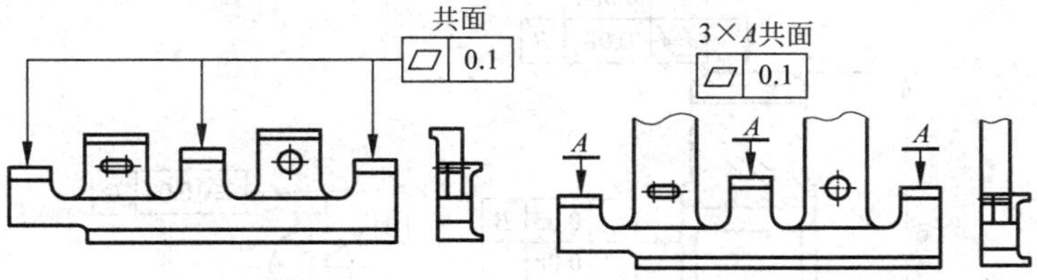

(a) 图样标注示例一　　　　(b) 图样标注示例二

图 3.75　公差框格在图样上的标注方法

(9) 如对同一要素的公差值在全部被测要素内的任一部分有进一步限制时，该限制部分(长度或面积)的公差值要求应放在公差值的后面，用斜线相隔。这种限制要求可以直接放在表示全部被测要素公差要求的框格下面，如图 3.76 所示。

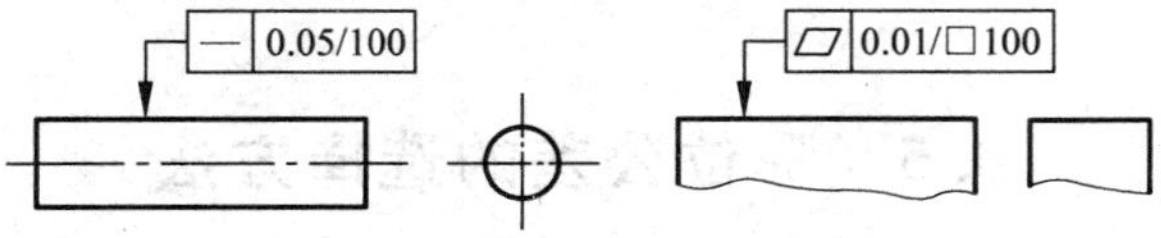

(a)　　　　(b)

图 3.76　公差框格在图样上的标注方法

（10）如仅要求要素某一部分作为被测要素，标注其公差值，则用粗点画线表示其范围，并加注尺寸，如图 3.77 所示。

3．理论正确尺寸标注

对于要素的位置度、轮廓度或倾斜度，用于确定被测要素的理想形状、方向、位置的尺寸，该尺寸不附带公差，这种尺寸称为"理论正确尺寸"。理论正确尺寸应围以框格，零件实际尺寸是由在公差框格中位置度、轮廓度或倾斜度公差来限定的，如图 3.78 所示。

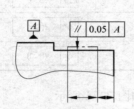

图 3.77　局部表面作为被测要素的
公差框格图样标注方法

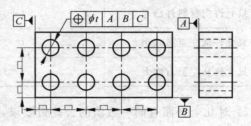

图 3.78　理论正确尺寸的图样标注

4．形位公差标注举例

零件有下述要求：①ϕ88h9 圆柱面的圆度公差为 0.006mm；②ϕ88h9 圆柱的外圆表面对 ϕ24H7 圆孔的轴心线的全跳动度公差为 0.08mm；③槽宽为 8P9 的键槽对称中心面相对于 ϕ24H7 圆柱孔对称中心面的对称度公差为 0.02mm；④圆柱的右端面对该机件的左端面平行度公差为 0.08mm；右端面相对于 ϕ24H7 圆孔的轴心线垂直度公差为 0.05mm；ϕ24H7 圆孔轴心线的直线度公差为 ϕ0.01mm。其图样标注如图 3.79 所示。

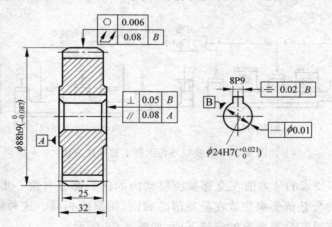

图 3.79　形位公差标注示例

3.5　形位公差的选择方法

实际零件上所有的要素都存在形位误差，但图样上是否给出形位公差要求，可根据下述原则确定：凡形位公差要求用一般机床加工能保证的，不必注出，其公差值要求应按国标《形状和位置公差　未注公差值》(GB/T 1184—1996)执行；凡形位公差有特殊要求(高于或低于 GB/T 1184—1996 规定的公差级别），则应按标准规定的标注方法在图样上明确注出形位公差。

1. 形位公差项目的确定

在形位公差的 14 个项目中，有单项控制的公差项目，如圆度、平面度、直线度等；还有综合控制的公差项目，如圆柱度、位置度公差等。零件的形位公差对机器、仪器的正常使用有很大的影响，同时也会直接影响到产品质量、生产效率与制造成本。因此，正确合理地选择形位公差，对保证机器的功能要求、提高经济效益十分重要。形位公差项目的选择基本原则：应充分发挥综合控制项目的职能，以减少图样上给出的形位公差项目及相应的形位公差检测项目。

1）考虑几何特征

零件要素的几何特征是选择形位公差项目的主要依据，例如，圆柱形零件要考虑标注圆柱度或圆度；圆锥形零件要考虑标注圆度、素线直线度；平面零件要考虑标注平面度；阶梯轴要考虑标注同轴度；槽要考虑标注对称度等。

2）减少检验项目

各项形位公差的控制功能各不相同，有单一控制项目，如圆度、直线度、平面度，也有综合控制项目，如圆柱度、位置度，选择时应充分发挥综合控制项目的功能，尽量减少图样的形位公差项目。

3）避免重复标注

在满足功能要求的前提下，应选用测量简便的项目。若标注了圆柱度公差，则不再标注圆度公差；标注了位置度公差，则不再标注垂直度公差；同轴度公差常常用径向圆跳动公差或径向全跳动公差代替。

2. 形位公差值的选择

1）公差值选择原则

形位公差值选择的总原则是：在满足零件功能要求的前提下选择最经济的公差值。同时，又要考虑以下几方面因素。

（1）根据零件的功能要求，并考虑加工的经济性和零件的结构等情况，按公差表来确定要素的公差值，并应考虑公差值之间的协调关系。例如，同一要素上给定的形状公差值应小于位置公差值；如同一平面上，平面度公差值应小于该平面对基准的平行度公差值。圆柱形零件的形状公差值，一般情况下应小于其尺寸公差。圆度、圆柱度公差值小于同级的尺寸公差值的 1/3，因而可按同级选取。如尺寸公差为 IT6，则圆度、圆柱度公差通常也选为 6级。平行度公差值应小于其相应的距离公差值。

（2）对于下列情况，考虑到加工难易程度和除主要参数外其他参数的影响，在满足零件功能要求的前提下，可适当降低 1～2 级。例如，孔相对于轴；细长的轴和孔；距离较大的轴和孔；宽度较大（一般小于 1/2 长度）的零件表面；轴线对轴线和轴线对平面相对于平面对平面的平行度、垂直度公差。

（3）考虑形状公差与表面粗糙度的关系。一般情况下，形状公差 $T_{形状}$ 与表面粗糙度 Ra 之间的关系为 $Ra=(0.2\sim0.3)T_{形状}$；对于高精度及小尺寸零件，$Ra=(0.5\sim0.7)T_{形状}$。

（4）考虑形状公差、位置公差和尺寸公差的关系。一般情况下，表面粗糙度、形状公差、位置公差和尺寸公差的关系应满足 $Ra<T_{形状}<T_{定向}<T_{定位}<T_{跳动}<T_{尺寸}$。

　　2) 形位公差等级

　　按国家标准规定,形位公差值的大小由形位公差等级和被测要素的主参数确定。在
GB/T 1184—1996 中,将直线度、平面度、平行度、垂直度、倾斜度、同轴度、对称度、圆跳动、
全跳动公差分为 1,2,…,12 级,1 级精度最高,形位公差值最小;12 级精度最低,形位公差
值最大。表 3.3~表 3.5 列出了上述形位公差项目的标准公差值。

表 3.3　直线度、平面度(摘自 GB/T 1184—1996)

主参数 L/mm	公差等级											
	1	2	3	4	5	6	7	8	9	10	11	12
	公差值/μm											
≤10	0.2	0.4	0.8	1.2	2	3	5	8	12	20	30	60
>10~16	0.25	0.5	1	1.5	2.5	4	6	10	15	25	40	80
>16~25	0.3	0.6	1.2	2	3	5	8	12	20	30	50	100
>25~40	0.4	0.8	1.5	2.5	4	6	10	15	25	40	60	120
>40~63	0.5	1	2	3	5	8	12	20	30	50	80	150
>63~100	0.6	1.2	2.5	4	6	10	15	25	40	60	100	200
>100~160	0.8	1.5	3	5	8	12	20	30	50	80	120	250
>160~250	1	2	4	6	10	15	25	40	60	100	150	300
>250~400	1.2	2.5	5	8	12	20	30	50	80	120	200	400
>400~630	1.5	3	6	10	15	25	40	60	100	150	250	500
>630~1000	2	4	8	12	20	30	50	80	120	200	300	600
>1000~1600	2.5	5	10	15	25	40	60	100	150	250	400	800
>1600~2500	3	6	12	20	30	50	80	120	200	300	500	1000
>2500~4000	4	8	15	25	40	60	100	150	250	400	600	1200
>4000~6300	5	10	20	30	50	80	120	200	300	500	800	1500
>6300~10 000	6	12	25	40	60	100	150	250	400	600	1000	2000

表 3.4　平行度、垂直度、倾斜度(摘自 GB/T 1184—1996)

主参数 L,d(D)/mm	公差等级											
	1	2	3	4	5	6	7	8	9	10	11	12
	公差值/μm											
≤10	0.4	0.8	1.5	3	5	8	12	20	30	50	80	120
>10~16	0.5	1	2	4	6	10	15	25	40	60	100	150
>16~25	0.6	1.2	2.5	5	8	12	20	30	50	80	120	200
>25~40	0.8	1.5	3	6	10	15	25	40	60	100	150	250
>40~63	1	2	4	8	12	20	30	50	80	120	200	300
>63~100	1.2	2.5	5	10	15	25	40	60	100	150	250	400
>100~160	1.5	3	6	12	20	30	50	80	120	200	300	500
>160~250	2	4	8	15	25	40	60	100	150	250	400	600
>250~400	2.5	5	10	20	30	50	80	120	200	300	500	800
>400~630	3	6	12	25	40	60	100	150	250	400	600	1000
>630~1000	4	8	15	30	50	80	120	200	300	500	800	1200
>1000~1600	5	10	20	40	60	100	150	250	400	600	1000	1500
>1600~2500	6	12	25	50	80	120	200	300	500	800	1200	2000
>2500~4000	8	15	30	60	100	150	250	400	600	1000	1500	2500
>4000~6300	10	20	40	80	120	200	300	500	800	1200	2000	3000
>6300~10 000	12	25	50	100	150	250	400	600	1000	1500	2500	4000

表 3.5　同轴度、对称度、圆跳动和全跳动(摘自 GB/T 1184—1996)

主参数 d(D),B,L /mm	公差等级											
	1	2	3	4	5	6	7	8	9	10	11	12
	公差值/μm											
≤1	0.4	0.6	1.0	1.5	2.5	4	6	10	15	25	40	60
>1～3	0.4	0.6	1.0	1.5	2.5	4	6	10	20	40	60	120
>3～6	0.5	0.8	1.2	2	3	5	8	12	25	50	80	150
>6～10	0.6	1	1.5	2.5	4	6	10	15	30	60	100	200
>10～18	0.8	1.2	2	3	5	8	12	20	40	80	120	250
>18～30	1	1.5	2.5	4	6	10	15	25	50	100	150	300
>30～50	1.2	2	3	5	8	12	20	30	60	120	200	400
>50～120	1.5	2.5	4	6	10	15	25	40	80	150	250	500
>120～250	2	3	5	8	12	20	30	50	100	200	300	600
>250～500	2.5	4	6	10	15	25	40	60	120	250	400	800
>500～800	3	5	8	12	20	30	50	80	150	300	500	1000
>800～1250	4	6	10	15	25	40	60	100	200	400	600	1200
>1250～2000	5	8	12	20	30	50	80	120	250	500	800	1500
>2000～3150	6	10	15	25	40	60	100	150	300	600	1000	2000
>3150～5000	8	12	20	30	50	80	120	200	400	800	1200	2500
>5000～8000	10	15	25	40	60	100	150	250	500	100	1500	3000
>8000～10 000	12	20	30	50	80	120	200	300	600	1200	2000	4000

在 GB/T 1184—1996 中,将圆度、圆柱度公差分为 0,1,2,…,12 共 13 级,0 级精度最高,形位公差值最小;12 级精度最低,形位公差值最大。表 3.6 列出了有关形位公差项目的公差值。

表 3.6　圆度、圆柱度(摘自 GB/T 1184—1996)

主参数 d(D)/mm	公差等级												
	0	1	2	3	4	5	6	7	8	9	10	11	12
	公差值/μm												
≤3	0.1	0.2	0.3	0.5	0.8	1.2	2	3	4	6	10	14	25
>3～6	0.1	0.2	0.4	0.6	1	1.5	2.5	4	5	8	12	18	30
>6～10	0.12	0.25	0.4	0.6	1	1.5	2.5	4	6	9	15	22	36
>10～18	0.15	0.25	0.5	0.8	1.2	2	3	5	8	11	18	27	43
>18～30	0.2	0.3	0.6	1	1.5	2.5	4	7	9	13	21	33	52
>30～50	0.25	0.4	0.6	1	1.5	2.5	4	7	11	16	25	39	62
>50～80	0.3	0.5	0.8	1.2	2	3	5	8	13	19	30	46	74
>80～120	0.4	0.6	1	1.5	2.5	4	6	10	15	22	35	54	87
>120～180	0.6	1	1.2	2	3.5	5	8	12	18	25	40	63	100
>180～250	0.8	1.2	2	3	4.5	7	10	14	20	29	46	72	115
>250～315	1.0	1.6	2.5	4	6	8	12	16	23	32	52	81	130
>315～400	1.2	2	3	5	7	9	13	18	25	36	57	89	140
>400～500	1.5	2.5	4	6	8	10	15	20	27	40	63	97	155

　　线轮廓度、面轮廓度因尚未成熟,国标未作规定,如果被测轮廓线、面是由坐标尺寸或圆弧半径控制,则可由相应尺寸公差来控制。

　　根据 GB/T 1184—1996 规定,位置度公差值应通过计算得出。例如,用螺栓作连接件,被连接零件上的孔均为通孔,其孔径大于螺栓的直径,位置公差可用式(3.1)计算:

$$t = X_{\min} \tag{3.1}$$

式中,t 为位置度公差;$X_{\min}$ 为通孔与螺栓间的最小间隙。

　　如用螺钉连接时,被连接零件上的孔是螺纹,而其余零件上的孔都是通孔,且孔径大于螺钉直径,位置度公差可用下式计算:

$$t = 0.5 X_{\min} \tag{3.2}$$

　　按式(3.2)计算确定的公差,经化整并按表 3.7 选择位置度公差值。

表 3.7　位置度系数(摘自 GB/T 1184—1996)　　　　　　　μm

1	1.2	1.5	2	2.5	3	4	5	6	8
1×10^n	1.2×10^n	1.5×10^n	2×10^n	2.5×10^n	3×10^n	4×10^n	5×10^n	6×10^n	8×10^n

注:n 为正整数。

3) 形位公差的选用

　　形位公差值(公差等级)的选用常用类比法确定,主要考虑零件的使用性能、加工的可能性和经济性等因素。表 3.8~表 3.11 可供类比时参考。

表 3.8　直线度、平面度公差等级应用

公差等级	应 用 举 例
5	1级平板,2级宽平尺,平面磨床的纵导轨、垂直导轨、立柱导轨及工作台,液压龙门刨床和转塔车床床身导轨,柴油机进气、排气阀门导杆
6	普通机床导轨面,如卧式车床、龙门刨床、滚齿机、自动车床等的床身导轨、立柱导轨,柴油机壳体
7	2级平板,机床主轴箱,摇臂钻床底座和工作台,镗床工作台,液压泵盖,减速器壳体结合面
8	机床传动箱体,挂轮箱体,车床溜板箱体,柴油机汽缸体,连杆分离面,缸盖结合面,汽车发动机缸盖,曲轴箱结合面,液压管件和法兰连接面
9	3级平板,自动车床床身底面,摩托车曲轴箱体,汽车变速箱壳体,手动机械的支承面

表 3.9　圆度、圆柱度公差等级应用

公差等级	应 用 举 例
5	一般计量仪器主轴、测杆外圆柱面,陀螺仪轴颈,一般机床主轴轴颈及主轴轴承孔,柴油机、汽油机活塞、活塞销,与 E 级滚动轴承配合的轴颈
6	仪表端盖外圆柱面,一般机床主轴及前轴承孔,泵,压缩机的活塞,汽缸,汽油发动机凸轮轴,纺机锭子,减速传动轴轴颈,高速船用柴油机、拖拉机曲轴主轴颈,与 E 级滚动轴承配合的外壳孔,与 G 级滚动轴承配合的轴颈
7	大功率低速柴油机曲轴轴颈、活塞、活塞销,连杆,汽缸,高速柴油机箱体轴承孔,千斤顶或压力油缸活塞,机车传动轴,水泵及通用减速器转轴轴颈,与 G 级滚动轴承配合的外壳孔
8	低速发动机、大功率曲柄轴的轴颈,压力机连杆盖、体,拖拉机汽缸、活塞,炼胶机冷铸轴辊,印刷机传墨辊,内燃机曲轴轴颈,柴油机凸轮轴承孔,凸轮轴,拖拉机,小型船用柴油机汽缸套
9	空气压缩机缸体,液压传动筒,通用机械杠杆与拉杆用套筒销子,拖拉机活塞环、套筒孔

表 3.10　平行度、垂直度、倾斜度公差等级应用

公差等级	应 用 举 例
4,5	卧式车床导轨,重要支承面,机床主轴孔对基准的平行度,精密机床重要零件,计量仪器、量具、模具的基准面和工作面,床头箱体重要孔,通用减速器壳体孔,齿轮泵的油孔端面,发动机轴和离合器的凸缘,汽缸支承端面,安装精密滚动轴承的壳体孔凸肩
6,7,8	一般机床的基准面和工作面,压力机和锻锤的工作面,中等精度钻模的工作面,机床一般轴承孔对基准面的平行度,变速器箱体孔,主轴花键对定心直径部位轴线的平行度,重型机械轴承盖端面、卷扬机、手动传动装置中的传动轴、一般导轨、主轴箱体孔、刀架、砂轮架、汽缸配合面对基准轴线,活塞销孔对活塞中心线的垂直度,传动轴内、外圈端面对轴线的垂直度
9,10	低精度零件,重型机械滚动轴承端盖,柴油机、煤气发动机箱体曲轴孔、曲轴颈,花键轴和轴肩端面,皮带运输机法兰盘等端面对轴线的垂直度,手动卷扬机及传动装置中的轴承端面、减速器壳体平面

表 3.11　同轴度、对称度、跳动公差等级应用

公差等级	应 用 举 例
5,6,7	这是应用范围较广的公差等级,用于形位精度要求较高、尺寸公差等级为 IT8 及高于 IT8 的零件。5 级常用于机床轴颈计量仪器的测量杆,汽轮机主轴,柱塞油泵转子,高精度滚动轴承外圈,一般精度滚动轴承内圈,回转工作台端面跳动。7 级用于内燃机曲轴,凸轮轴,齿轮轴,水泵轴,汽车后轮输出轴,电动机转子,印刷机传墨辊的轴颈,键槽
8,9	常用于形位精度要求一般,尺寸公差等级 IT9～IT11 的零件。8 级用于拖拉机发动机分配轴轴颈,与 9 级精度以下齿轮相配的轴,水泵叶轮,离心泵体,棉花精梳机前后滚子,键槽等。9 级用于内燃机汽缸套配合面,自行车小轴

习　　题

3.1　如图 3.80 所示销轴的三种形位公差标注,它们的公差带有何不同?

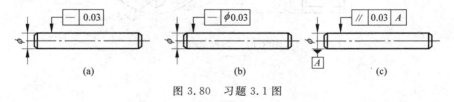

图 3.80　习题 3.1 图

3.2　如图 3.81 所示的零件标注位置公差不同,它们所要控制的位置误差有何区别?请加以分析说明。

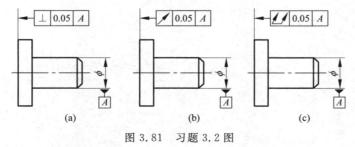

图 3.81　习题 3.2 图

3.3　试指出如图 3.82 所示各图例标注的错误。

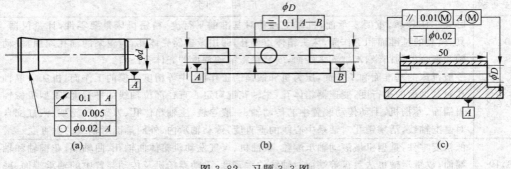

图 3.82　习题 3.3 图

3.4　将下列各项公差值要求标注在图 3.83 上。

(1) 左端面的平面度公差为 0.01mm。

(2) 右端面对左端面的平行度公差为 0.02mm。

(3) 孔 $\phi70$mm 遵守包容要求，$\phi210$mm 外圆遵守独立原则。

(4) $\phi70$mm 孔的轴线对左端面的垂直度公差为 0.02mm。

(5) $\phi210$mm 外圆对 $\phi70$mm 孔轴线的同轴度公差为 0.03mm。

(6) $4\times\phi20$H8 对左端面(第一基准)及 $\phi70$mm 孔轴线位置度公差为 0.15mm，均采用最大实体要求。

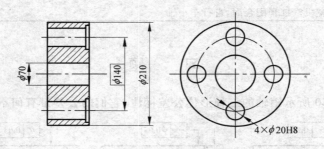

图 3.83　习题 3.4 图

第4章 公差原则

对同一被测要素上既有尺寸公差又有形位公差要求时,确定尺寸公差与形位公差之间相互关系的原则称为公差原则。公差原则分为独立原则和相关要求两大类。相关要求又分为包容要求、最大实体要求、最小实体要求和可逆要求。本章涉及以下标准的有关内容:

GB/T 4249—2018 产品几何技术规范(GPS) 基础 概念、原则和规则

GB/T 16671—2018 产品几何技术规范(GPS) 几何公差 最大实体要求(MMR)、最小实体要求(LMR)和可逆要求(RPR)

4.1 有关术语及定义

1. 局部实际尺寸

在实际要素的任意正截面上,两对应点之间测得的距离,称为局部实际尺寸(local actual size),又称为实际尺寸,孔和轴的局部实际尺寸分别用 D_a 和 d_a 表示。同一要素在不同部位测得的局部实际尺寸往往不同,如图 4.1 所示。

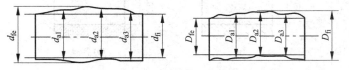

图 4.1 孔和轴的局部实际尺寸

2. 边界

由设计给定的具有理想状态的极限包容面称为边界(boundary)。边界的尺寸为(孔或轴的)极限包容面的直径或宽度。当极限包容面为圆柱面时,其直径为边界尺寸;当极限包容面为两平行平面时,其距离为边界尺寸。按照边界尺寸的不同,有关边界的具体名词如下。

1) 最大实体边界

最大实体边界(maximum material boundary,MMB)是指尺寸为最大实体尺寸的边界。

单一要素的最大实体边界具有确定的形状和大小,但其方向和位置是不确定的,如图 4.2 所示。

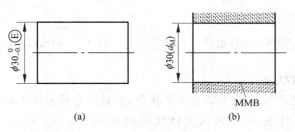

(a)   (b)

图 4.2 单一要素的最大实体边界

关联要素的定向或定位最大实体边界,不仅应具有确定的形状和大小,其被测要素还应相对于基准保持图样给定的方向和位置关系,如图 4.3 和图 4.4 所示。

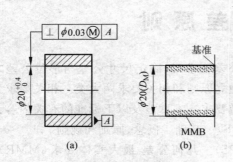

图 4.3　孔的定向最大实体边界　　　　图 4.4　轴的定位最大实体边界

2) 最小实体边界

最小实体边界(least material boundary,LMB)是指尺寸为最小实体尺寸的边界。

单一要素的最小实体边界具有确定的形状和大小,但其方向和位置是不确定的,如图 4.5 所示。

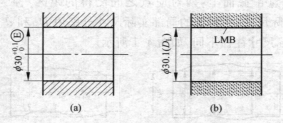

图 4.5　单一要素的最小实体边界

关联要素的定向或定位最小实体边界,不仅具有确定的形状和大小,而且其被测要素应保持基准图样给定的方向和位置关系,如图 4.6 和图 4.7 所示。

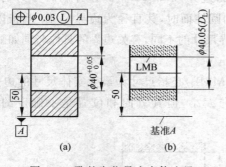
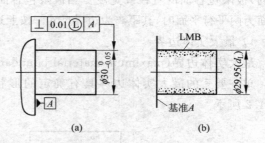

图 4.6　孔的定位最小实体边界　　　　图 4.7　轴的定向最小实体边界

3. 最大实体实效状态

在给定长度上,实际要素处于最大实体状态,且其中心要素的形状或位置误差等于给定公差值时的综合极限状态,称为最大实体实效状态(maximum material virtual condition,MMVC)。

4. 最大实体实效尺寸

最大实体实效状态下的体外作用尺寸,称为最大实体实效尺寸(maximum material virtual size,MMVS)。如图 4.8(a)所示,对于内表面,它等于最大实体尺寸减形位公差值 t,用 D_{MV} 表示;对于外表面,它等于最大实体尺寸加形位公差值 t,用 d_{MV} 表示。即

$$D_{MV} = D_M - t \tag{4.1}$$

$$d_{MV} = d_M + t \tag{4.2}$$

5. 最大实体实效边界

如图 4.8(b)所示,尺寸为最大实体实效尺寸的边界,称为最大实体实效边界(maximum material virtual boundary,MMVB)。

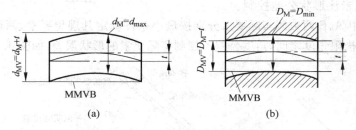

图 4.8　最大实体实效尺寸及边界

4.2　独 立 原 则

1. 含义

独立原则(independence principle,IP)是指被测要素在图样上给出的尺寸公差与形位公差各自独立、分别满足要求的公差原则。它是标注形位公差和尺寸公差相互关系的基本公差原则。如果对尺寸与形状、尺寸与位置之间的相互关系有特定要求,应在图样上规定,如图 4.9 所示。

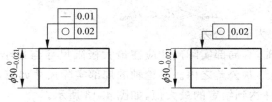

图 4.9　独立原则标注公差示例

2. 采用独立原则时尺寸公差和形位公差的机能

1)尺寸公差

(1)线性尺寸公差

线性尺寸公差仅控制要素的局部实际尺寸(两点法测量),不控制要素本身的形状误差(如圆柱形要素的圆度误差和轴线直线度误差或平行平面要素的平面度误差)。

形状误差应由单独标注的形状公差和未注形状公差控制,如图 4.10 所示。图 4.10(a)表示实际轴的局部实际尺寸必须位于 ϕ149.96mm~ϕ150mm 之间;线性尺寸公差(0.04)不

控制要素本身的形状误差,如图 4.10(b)所示。

（2）角度公差

角度公差仅控制被测要素与理想要素之间的角度变动量,不控制被测要素的形状误差,理想要素的位置应符合最小条件。角度公差只控制线或素线的总方向,不控制其形状误差。

总方向是指接触线的方向,接触线是与实际线相接触的最大距离为最小的理想直线,如图 4.11(a)所示。实际线的形状误差应由单独标注的形状公差或未注形状公差控制。

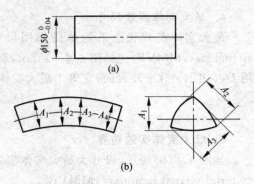

图 4.10 线性尺寸公差

图 4.11(a)中 A、B 两被测实际要素分别按最小条件确定其理想要素,两理想要素间的夹角应在给定的两极限角度之间,角度公差不控制实际要素的形状误差,如图 4.11(b)所示。

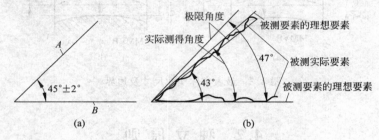

图 4.11 角度公差

2）形状和位置公差

不论要素的局部实际尺寸如何,被测要素均应位于给定的形位公差带内,并且其形位误差允许达到最大值。孔、轴的局部实际尺寸应在最大极限尺寸与最小极限尺寸之间,孔、轴的形位误差应在给定的相应形位公差之内。即

$$D_{\min} \leqslant D_a \leqslant D_{\max}, \quad f \leqslant t \qquad (4.3)$$
$$d_{\min} \leqslant d_a \leqslant d_{\max}, \quad f \leqslant t \qquad (4.4)$$

式中：f 为形位误差；t 为形位公差。

如图 4.12 所示的轴,其局部实际尺寸应在最大极限尺寸与最小极限尺寸之间,轴的形状误差应在给定的相应形状公差之内。不论轴的局部实际尺寸如何,其形状误差(素线直线度误差和圆度误差)允许达到给定的最大值,如图 4.13 所示。

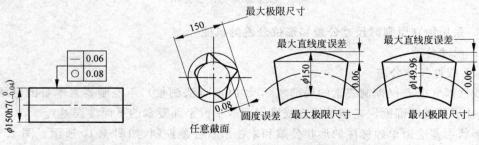

图 4.12 独立原则标注   图 4.13 形状和位置公差

3. 标注方法

如图 4.9 所示的独立原则标注示例,标注时不需要附加任何表示相互关系的符号。但需要在图样上或在技术文件的相应部位标明"公差原则按 GB/T 4249—2018"。图样采用独立原则时,图样上的要素凡是没有采用特定的关系符号或特定的文字说明,就表示该要素的尺寸公差与形位公差之间的相互关系遵循独立原则。

4. 采用独立原则时的合格性检测

采用独立原则标注的零件进行检测时,被测要素的局部实际尺寸用两点法测量,被测要素的形位误差可使用通用量仪或专用测量设备进行测量。

5. 独立原则的应用范围

1) 对于尺寸公差与形位公差需分别满足要求而不发生联系的要素

不论公差等级高低均采用独立原则。例如,用于保证配合功能、运动精度、磨损寿命、旋转平衡等要求的部位。图 4.14 所示为测量平板,在测量时用其工作表面模拟理想平面,对精度的重点要求是控制工作表面的平面度误差。因此,对测量平板工作表面应严格规定平面度公差,而平板的厚度对模拟理想平面这一功能无影响,其尺寸公差可规定得较松,两者的关系应该采用独立原则。

图 4.15 所示为零件上的通油孔,它独立使用而不与其他零件配合,所以只要控制该孔的尺寸,就能保证一定的流量,而该孔轴线的弯曲并不影响功能要求。因此,按独立原则规定,通油孔的尺寸公差规定得较严,而轴线直线度公差规定得较松是经济且合理的。

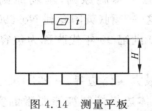

图 4.14　测量平板　　　　　　　图 4.15　通油孔

2) 退刀槽、倒角及其他没有配合要求的结构尺寸

对于退刀槽、倒角及其他没有配合要求的结构尺寸,应采用独立原则。

3) 形位精度要求极高的要素

对于形位精度要求极高的要素,应采用独立原则。图 4.16 所示为汽车制动用空气压缩机的连杆。该连杆小头孔的公称尺寸为 $\phi 12.5\text{mm}$,与活塞销配合,在功能上要求该孔的圆柱度公差不大于 0.003mm。

4) 关联要素和基准要素的尺寸公差不能控制它们之间的位置精度

当关联要素和其基准要素的尺寸公差不能控制它们之间的位置精度时,两者之间的公差关系应采用独立原则。图 4.17 所示为链条套筒(或滚子),其内、外圆柱面轴线的同轴度误差对链条节距和链长的影响很大,但改变其内、外圆柱面的直径尺寸无法控制它们的同轴度误差。因此,为了保证它们的同轴度精度,应另外规定相应的同轴度公差或径向圆跳动公差 t,且 t 与 ϕD 或 ϕd 的尺寸公差之间的关系应该采用独立原则。

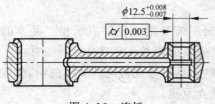

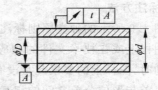

图 4.16　连杆　　　　　　　　　　　图 4.17　链条套筒(或滚子)

5) 未注尺寸公差的要素

对于未注尺寸公差的要素,由于它们仅有装配方便、减轻零件重量等要求而没有配合性质的特殊要求,因此,其一般尺寸公差与一般形位公差也应遵守独立原则。

需要注意的是,独立原则的概念不仅适用于线性尺寸公差、角度公差和形位公差,而且可以扩大应用于图样上给出的其他技术要求,如表面粗糙度、力学性能、物理化学性能、表面处理等;独立原则只适于作为图样上公差标注的基本原则而提出,并不表示同一要素上按独立原则标注的各项公差要求在功能上互不相关。因为实际被测要素的功能通常取决于其实际尺寸与形位误差的综合效应。例如,同一公称尺寸的孔与轴装配后的配合性质就取决于它们各自的实际尺寸与形位误差的综合效应。

4.3　包　容　要　求

包容要求(envelope requirement,ER)的提出起源于泰勒原则,泰勒原则出自于泰勒(William Taylor)在 1905 年提出的"螺纹量规的改进"这一专利(英国专利 No.6900—1905),用于光滑工件的检验。经过多年的演变,包容原则于 20 世纪 90 年代改称为包容要求。

1. 含义

包容要求是要求单一要素的实际轮廓不得超出最大实体边界,其实际尺寸不得超出最小实体尺寸的一种公差原则。图 4.18 所示为最大实体边界控制被测要素的实际尺寸和形位误差的综合效应,该被测要素的实际轮廓 S 不得超出最大实体边界。包容要求只适用于圆柱表面或两平行平面的单一要素。

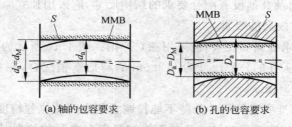

(a) 轴的包容要求　　　　　　　(b) 孔的包容要求

图 4.18　包容要求实例

包容要求的含义和规定如下:

(1) 被测要素的实际轮廓在给定长度上应处处遵守最大实体边界,即其体外作用尺寸不应超出(对孔不小于,对轴不大于)最大实体尺寸,且局部实际尺寸不得超越其最小实体尺寸,即

$$对于外表面:d_{fe} \leqslant d_M(d_{max}),\quad d_a \geqslant d_L(d_{min}) \tag{4.5}$$

对于内表面：$D_{fe} \geqslant D_M(D_{min})$， $D_a \leqslant D_L(D_{max})$ (4.6)

（2）当实际要素处于最大实体状态时，它应具有理想形状。此时允许的形位误差为零。

（3）当实际尺寸由最大实体尺寸向最小实体尺寸偏离时，允许它具有形位误差，其值为实际尺寸对最大实体尺寸的偏离量，也就是允许用尺寸误差补偿形位误差。

（4）当实际要素处于最小实体状态时，形位误差的允许值可达到最大，其值等于图样上标注的尺寸公差的数值。

2. 图样注解

1）轴

有一轴的标注如图 4.19(a)所示，遵守包容要求。其含义应包括以下几点：

（1）如图 4.19(b)所示为轴的实际尺寸。实际轴应该遵守最大实体边界，即轴的体外作用尺寸不能超过最大实体尺寸 $\phi(50+0)mm = \phi50mm$。当轴的局部实际尺寸处处为最大实体尺寸 $\phi50mm$ 时，不允许轴线有直线度误差，如图 4.19(c)所示。

（2）轴的局部实际尺寸不能小于最小实体尺寸 $\phi49.96mm$，如图 4.19(d)所示。

（3）当轴的实际尺寸由最大实体尺寸向最小实体尺寸偏离时，允许轴线有直线度误差。例如，当轴的局部实际尺寸处处为 $\phi49.98mm$ 时，轴线直线度误差的最大允许值为 $(\phi50-\phi49.98)mm = \phi0.02mm$；当轴的局部实际尺寸处处为最小实体尺寸 $\phi49.96mm$ 时，轴线直线度误差的最大允许值为 $\phi0.04mm$（即图样上给定的尺寸公差值），如图 4.19(e)所示。局部实际尺寸与直线度误差的关系如图 4.19(f)所示。

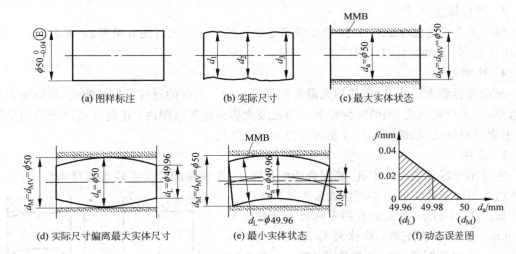

图 4.19 包容要求应用于轴的图样解释

2）孔

有一孔的标注如图 4.20(a)所示，遵守包容要求。其含义应包括以下几点：

（1）图 4.20(b)所示为孔的实际尺寸。实际孔应遵守最大实体边界，即孔的体外作用尺寸不能超过最大实体尺寸 $\phi(50+0)mm = \phi50mm$。当孔的局部实际尺寸处处为最大实体尺寸 $\phi50mm$ 时，不允许孔的轴线有直线度误差，如图 4.20(c)所示。

（2）孔的局部实际尺寸不能大于最小实体尺寸 $\phi50.05mm$，如图 4.20(d)所示。

（3）当孔的实际尺寸由最大实体尺寸向最小实体尺寸偏离时，允许孔的轴线有直线度误差。例如,当孔的局部实际尺寸处处为 $\phi50.03$mm 时,孔的轴线直线度误差的最大允许值为$(\phi50.03-\phi50)$mm$=\phi0.03$mm;当孔的局部实际尺寸处处为最小实体尺寸 $\phi50.05$mm 时,孔的轴线直线度误差的最大允许值为 $\phi0.05$mm(即图样上给定的尺寸公差值),如图 4.20(e)所示。局部实际尺寸与直线度误差的关系如图 4.20(f)所示。

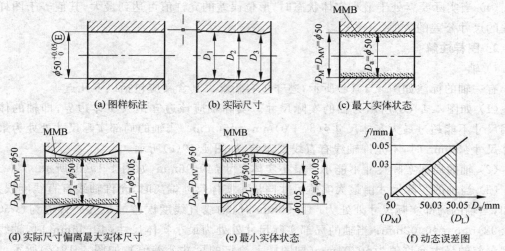

(a) 图样标注　　　　(b) 实际尺寸　　　　(c) 最大实体状态

(d) 实际尺寸偏离最大实体尺寸　　　(e) 最小实体状态　　　(f) 动态误差图

图 4.20　包容要求应用于孔的图样解释

3. 图样标注

单一要素采用包容要求时,尺寸极限偏差或公差带代号之后注有符号 Ⓔ,如 $\phi40^{+0.018}_{+0.002}$Ⓔ、$\phi100$H7Ⓔ、$\phi40$k6Ⓔ、100H7$^{+0.035}_{0}$Ⓔ。

4. 检测方法

采用包容要求的孔、轴应使用光滑极限量规检验。量规的通规模拟被测孔、轴的最大实体边界,用来检验该孔、轴的实际轮廓是否在最大实体边界范围内;止规体现两点法测量原理,用来判断该孔、轴的实际尺寸是否超出最小实体尺寸。

5. 应用

主要用于保证单一要素孔、轴配合的配合性质,特别是配合公差较小的精密配合,最大实体边界可保证所需的最小间隙或最大过盈。

如图 4.21 所示,加工后孔的实际尺寸处处皆为 $\phi20$mm,孔的形状正确,其体外作用尺寸 $D_{fe}=\phi20$mm;轴的实际尺寸也处处皆为 $\phi20$mm,其横截面形状正确,但存在轴线直线度误差,其体外作用尺寸 $d_{fe}>\phi20$mm,因此,该孔与轴的装配形成过盈配合。

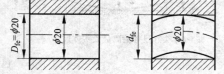

图 4.21　理想孔与轴线弯曲的轴装配

4.4　最大实体要求

1. 含义

最大实体要求(maximum material requirement,MMR)是控制被测要素的实际轮廓处于其最大实体实效边界之内,即必须遵守最大实体实效边界的一种公差要求,适用于轴线、中心平面等中心要素。最大实体要求可以用于被测要素，也可以用于基准要素。用最大实体实效边界控制被测要素的实际尺寸与形位误差的综合效应，被测要素的实际轮廓 S 不得超出该边界，如图 4.22 所示。图样上标注的形位公差值是被测要素的实际轮廓处于最大实体状态时给出的形位公差值，当其实际尺寸偏离最大实体尺寸时允许其形位误差值超出其给出的形位公差值，即被测要素或（和）基准要素偏离最大实体状态时，其形位误差可获得补偿的一种公差原则。关联要素的最大实体实效边界应与基准保持图样上给定的几何关系，最大实体实效边界的轴线应垂直于基准平面 A，如图 4.22(b)所示。

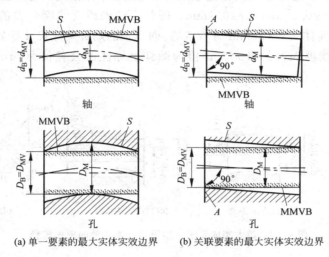

(a) 单一要素的最大实体实效边界　　(b) 关联要素的最大实体实效边界

图 4.22　最大实体要求

最大实体要求的含义和规定如下：

（1）应用于被测要素时，被测要素的实际轮廓在给定长度上处处不得超过最大实体实效边界，即其体外作用尺寸不应超出（对孔不小于，对轴不大于）最大实体实效尺寸，且其局部实际尺寸不得超出最小实体尺寸。即

$$对于外表面： d_{fe} \leqslant d_{MV} = d_{max} + t, \quad d_a \geqslant d_{min} \tag{4.7}$$

$$对于内表面： D_{fe} \geqslant D_{MV} = D_{min} - t, \quad D_{max} \geqslant D_a \tag{4.8}$$

（2）在一定条件下，允许尺寸公差补偿形位公差。即当实际要素处于最大实体状态时，它的形位误差不得大于图样上标注的形位公差值；当实际尺寸由最大实体尺寸向最小实体尺寸偏离时，它的形位误差允许大于图样上标注的形位公差值，即允许用尺寸误差补偿形位误差；当实际要素处于最小实体状态时，所允许形位误差的数值可达到最大，为图样上标注的形位公差与尺寸公差的数值之和。

2. 图样标注

在图样上的形位公差框格内的公差值后面标注符号Ⓜ，表示最大实体要求用于被测要素，如图 4.23(a)所示。

3. 检测方法

最大实体要求应用于被测要素时，被测要素的实际轮廓是否超出最大实体实效边界，应该使用功能量规的检验部分（它模拟体现被测要素的最大实体实效边界）来检验；其实际尺寸是否超出极限尺寸，可用两点法测量。最大实体要求应用于被测要素对应的基准要素时，可以使用同一功能量规的定位部分(它模拟体现基准要素应遵守的边界)或者光滑极限量规的通规来检验基准要素的实际轮廓是否超出规定边界。

4. 图样解释

1) 单一要素

一轴的标注如图 4.23(a)所示,被测单一要素遵循最大实体要求。其含义应包括以下几点:

(1) 轴的实际轮廓遵守最大实体实效边界,即轴的体外作用尺寸不能超过最大实体实效尺寸[$\phi(20+0)+\phi0.1$]mm=$\phi20.1$mm。图样上的轴线直线度公差值是在轴的局部实际尺寸处处为最大实体尺寸 $\phi20$mm 时给定的,即当轴的局部实际尺寸处处为最大实体尺寸 $\phi20$mm 时,轴线直线度误差的最大允许值为图样上标注的公差值 $\phi0.1$mm,如图 4.23(b)所示。

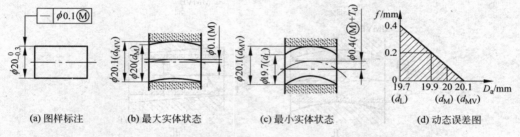

(a) 图样标注　　(b) 最大实体状态　　(c) 最小实体状态　　(d) 动态误差图

图 4.23　最大实体要求应用于单一要素轴的图样解释

(2) 轴的局部实际尺寸在最小实体尺寸 $\phi19.7$mm 与最大实体尺寸 $\phi20$mm 之间。

(3) 当轴的实际尺寸由最大实体尺寸向最小实体尺寸偏离时,轴线直线度误差可以大于规定的公差值 $\phi0.1$mm。例如,当轴的局部实际尺寸处处为 $\phi19.9$mm 时,轴线直线度误差的最大允许值可为($\phi20-\phi19.9$)mm+$\phi0.1$mm=$\phi0.2$mm;当轴的局部实际尺寸处处为最小实体尺寸 $\phi19.7$mm 时,轴线直线度误差的最大允许值为 $\phi0.4$mm(即图样上给定的尺寸公差值 0.3mm 与直线度公差值 0.1mm 之和),如图 4.23(c)所示。局部实际尺寸与直线度误差的关系如图 4.23(d)所示。

2) 关联要素

一孔的标注如图 4.24(a)所示,被测关联要素遵循最大实体要求。其含义应包括以下几点:

(1) 孔的实际轮廓遵守最大实体实效边界,即孔的体外作用尺寸不能超出最大实体实效尺寸[$\phi(50-0.08)-\phi0.01$]mm=$\phi49.91$mm。图样上孔的轴线直线度公差值 $t=0.01$ 是在孔的局部实际尺寸处处为最大实体尺寸 $\phi49.92$mm 时给定的,即当孔的局部实际尺寸处处为最大实体尺寸 $\phi49.92$mm 时,孔的轴线垂直度误差允许值为 0.01mm,即为图样上标注的公差值 $\phi0.01$mm,如图 4.24(b)所示。

(2) 孔的局部实际尺寸不能超出最小实体尺寸 $\phi50.13$mm 与最大实体尺寸 $\phi49.92$mm。

(3) 当孔的实际尺寸由最大实体尺寸向最小实体尺寸偏离时,轴线直线度误差可以大于规定的公差值 $\phi0.01$mm。例如,当孔的局部实际尺寸处处为 $\phi50.02$mm 时,孔的轴线垂直度误差的最大允许值为($\phi50.02-\phi49.92$)mm+0.01mm=$\phi0.11$mm;当孔的局部实际尺寸处处为最小实体尺寸 $\phi 50.13$mm 时,孔的轴线垂直度误差的最大允许值为 $\phi 0.22$mm(即图样上给定的尺寸公差值 0.21mm 与直线度公差值 0.01mm 之和),如图 4.24(c)所示。局部实际尺寸与直线度公差的关系如图 4.24(d)所示。

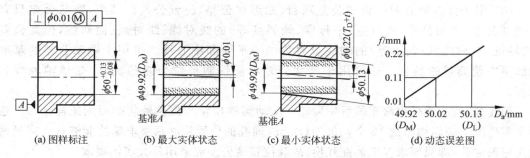

(a) 图样标注　　(b) 最大实体状态　　(c) 最小实体状态　　(d) 动态误差图

图 4.24　最大实体要求应用于关联要素孔的图样解释

5. 应用

最大实体要求主要应用于保证零件装配互换性的场合。

间隙配合的孔和轴,能否自由装配或保证功能要求,取决于它们各自的实际尺寸与形位误差的综合效应。例如,如图 4.25(a)所示操纵杆的孔与销轴的配合,当它们的实际尺寸分别为最大实体尺寸(孔径尺寸为最小极限尺寸 D_{min},销轴尺寸为最大极限尺寸 d_{max})时,它们的形状误差(轴线直线度误差)分别达到给定形状公差值,其装配间隙 X 为最小值,如图 4.25(b)所示。

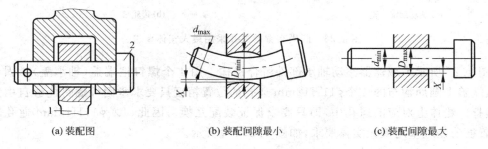

(a) 装配图　　　　(b) 装配间隙最小　　　　(c) 装配间隙最大

图 4.25　操纵杆孔与销轴的配合

1—操纵杆;2—销轴

当孔和销轴的实际尺寸分别偏离各自的最大实体尺寸时,即使它们的形状误差超出图样上给定的形位公差值(但不超出最大实体实效边界),它们之间仍会有一定的间隙,因此不会影响它们的自由装配;当孔和销轴实际尺寸偏离最大实体尺寸而达到最小实体尺寸且形状误差为零时,其装配间隙 X 则为最大值,如图 4.25(c)所示。

上述装配效果取决于配合要素的实际尺寸和形位误差的综合效应,这就是最大实体要求的基础。当要求轴线或中心平面等中心要素的形位公差与对应的组成要素的尺寸公差相关,以及同时要求该中心要素的位置公差与对应的基准要素的尺寸公差相关时,就可以采用最大实体要求,以获得最佳的经济效益。

最大实体要求的主要应用范围如下:

（1）多用于要求保证可装配性,包括大多数无严格要求的静止配合部位,使用后不致破坏配合性能。

（2）用于有装配关系的包容件或被包容件,如孔、槽、轴、凸台等面。

（3）用于公差带方向一致的公差项目,如形状公差、位置公差。其中,形状公差只有直线度公差,方向公差(垂直度、平行度、倾斜度等)的线对线、线对面、面对线,位置公差(同轴度、对称度、位置度等)的轴线或对称中心平面和中心线。也用于跳动公差的基准轴线不方便测量的场合。还可用于尺寸公差不能控制形位公差的场合,如销轴轴线直线度。

图 4.26 所示为载重汽车的后桥齿轮。从动圆锥齿轮与齿轮轴装配后用螺栓连接。这两个零件图上圆周均布的 12 个 ϕ10.2H12mm 通孔的位置精度只要求螺栓能够自由穿过两者对应的通孔,即只要求保证装配互换,故其位置度公差应采用最大实体要求。

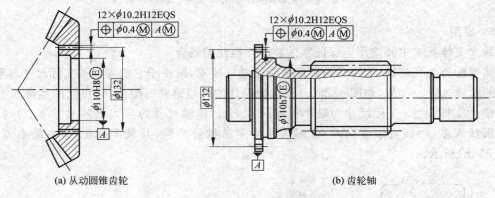

(a) 从动圆锥齿轮　　　　　　　　(b) 齿轮轴

图 4.26　圆周布置的通孔采用最大实体要求

图 4.27 所示为减速器滚动轴承部件组合机构。用 4 个螺钉把端盖(轴承盖)紧固在箱体上,端盖上圆周均布的 4 个 ϕ11H12mm 通孔的位置精度只要求紧固件螺钉能够自由穿过通孔,拧入箱体上对应的螺孔中,即只要求保证装配互换。因此,4×ϕ11H12mm 通孔轴线的位置度公差应采用最大实体要求,如图 4.27(b)所示。

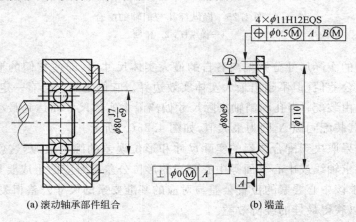

(a) 滚动轴承部件组合　　　　　　(b) 端盖

图 4.27　端盖圆周布置的通孔和定位圆柱面采用最大实体要求

4.5 公差原则的选用

如前所述,选择公差原则时,应根据被测要素的功能要求,充分发挥给出公差的职能和采取该种公差原则的可行性、经济性。表 4.1 列出了三种主要公差原则的应用场合和示例,供选择公差原则时参考。

表 4.1 公差选择原则参考表

公差原则	应用场合	示　　例
独立原则	尺寸精度与形位精度需要分别满足要求	齿轮箱体孔的尺寸精度与两孔轴线的平行度;连杆活塞销孔的尺寸精度与圆柱度;滚动轴承内外圈的尺寸精度与形状精度
	尺寸精度与形位精度要求相差较大	滚筒类零件尺寸精度要求很低,形位精度要求较高;平板的形位精度要求很高,尺寸精度要求不高;冲模架的下模座尺寸精度要求不高,平行度要求较高;通油孔的尺寸精度有一定要求,形位精度无要求
	尺寸精度与形位精度无关系	滚子链条的套筒或滚子内外圆柱面的同轴度与尺寸精度,齿轮箱体孔的尺寸精度与孔轴线间的位置精度;发动机连杆上的尺寸精度与孔轴线间的位置精度
	保证运动精度	导轨的形位精度要求严格,尺寸精度要求次要
	保证密封性	汽缸套的形位误差要求严格,尺寸精度要求次要
	未注公差	凡未注尺寸公差与未注形位公差都采用独立原则,例如退刀槽倒角、圆角等非功能要素
包容要求	保证《公差与配合》国家标准规定的配合性质	$\phi20H7$ⓔ孔与$\phi20h6$ⓔ轴的配合,可以保证配合的最小间隙等于零
	尺寸公差与形位公差间无严格比例关系要求	一般孔与轴配合,只要求体外作用尺寸不超越最大实体尺寸,局部实际尺寸不超越最小实体尺寸
	保证关联作用尺寸不超越最大实体尺寸	当被测要素的实效边界等同于最大实体边界时,实效尺寸等于最大实体尺寸,标注 0 Ⓜ
最大实体要求	被测中心要素	保证自由装配,如轴承盖上用于穿过螺钉的通孔,法兰盘上用于穿过螺栓的通孔
	基准中心要素	基准轴线或中心相对于理想边界的中心允许偏离时,如同轴度的基准轴线

1. 独立原则

独立原则是处理形位公差与尺寸公差关系的基本原则,主要用于以下场合:

(1) 尺寸精度和形位精度要求都较高,且需要分别满足要求。例如,齿轮箱体孔,为保证与轴承的配合性质和齿轮的正确啮合,要分别保证孔的尺寸精度和孔心轴线的平行度要求。

(2) 尺寸精度与形位精度要求相差较大。例如,印刷机的滚筒、轧钢机的轧辊等零件,尺寸精度要求低、圆柱度要求较高,平板尺寸精度要求低、平面度要求高,应分别提出要求。

(3) 为保证运动精度、密封性等特殊要求,通常单独提出与尺寸精度无关的形位公差要求。例如,机床导轨为保证运动精度,直线度要求严,尺寸精度要求次要;汽缸套内孔为保证与活塞环在直径方向的密封性,圆度或圆柱度公差要求严,需要单独保证。

其他尺寸公差与形位公差无联系的零件,也广泛采用独立原则。

2. 包容要求

包容要求主要用于需要严格保证配合性质的场合。例如,$\phi30H7$Ⓔ孔与$\phi30h6$Ⓔ轴的配合,可以保证配合的最小间隙等于0。若对形位公差有更严的要求,可在标注Ⓔ的同时进一步提出形位公差要求。

3. 最大实体要求

最大实体要求用于零件的中心要素,主要用于保证可装配性(无配合性质要求)的场合。例如,轴承盖上用于穿过螺钉的通孔和法兰盘上用于穿过螺栓的通孔的位置度公差采用最大实体原则。

习 题

4.1 公差原则有哪几种?其使用情况有何差异?

4.2 最大实体状态和最大实体实效状态的区别是什么?

4.3 图 4.28 分别给出了轴的三种图样标注方法,试根据标注的含义填写下表。

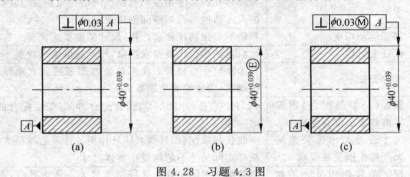

图 4.28 习题 4.3 图

图号	采用的公差原则的名称	边界名称及边界尺寸/mm	最大实体状态下的位置误差允许值/mm	允许的最大位置误差值/mm	实际尺寸合格范围/mm
(a)					
(b)					
(c)					

第5章 表面粗糙度

表面粗糙度是指加工表面所具有的较小间距和微小峰谷不平度。这种微观几何形状的尺寸特征,一般是由零件的加工过程和(或)其他因素形成。表面粗糙度与机械零件的配合性质、耐磨性、工作精度、抗腐蚀性有着密切的关系,它影响到机器或仪器的可靠性和使用寿命。为提高产品质量,促进互换性生产,我国已将原订的表面粗糙度国标(GB 1031—1968、GB 131—1974)作了修订。本章主要涉及以下标准的相关内容:

GB/T 10610—2009 产品几何技术规范(GPS) 表面结构 轮廓法 评定表面结构的规则和方法

GB/T 18618—2009 产品几何技术规范(GPS) 表面结构 轮廓法 图形参数

GB/T 18777—2009 产品几何技术规范(GPS) 表面结构 轮廓法 相位修正滤波器的计量特性

GB/T 3505—2009 产品几何技术规范(GPS) 表面结构 轮廓法 术语、定义及表面结构参数

GB/T 6062—2009 产品几何技术规范(GPS) 表面结构 轮廓法 接触(触针)式仪器的标称特性

GB/T 1031—2009 产品几何技术规范(GPS) 表面结构 轮廓法 表面粗糙度参数及其数值

5.1 概 述

1. 表面结构及一般术语

1)表面结构

如图5.1所示,表面结构(surface structure)是由实际表面的重复或偶然的偏差所形成的表面三维形貌,包括表面粗糙度、表面波度、形状误差、纹理方向等。其中:①表面粗糙度是指零件表面所具有的微小峰谷的不平程度,其波长和波高之比一般小于50。属于微观几何形状误差。②表面波度是指零件表面中峰谷的波长和波高之比等于$50\sim1000$的不平程度。③形状误差是零件表面中峰谷的波长和波高之比大于1000的不平程度。

2)表面缺陷

表面缺陷指在加工、使用或储存期间,非故意或偶然生成的实际表面的单元体、成组的单元体或不规则体。如图5.2所示为几种常规表面缺陷,可以分为凹缺陷(见图5.2(a))、凸缺陷(见图5.2(b))、混合表面缺陷(见图5.2(c))、区域和外观缺陷(见图5.2(d))等。

3)表面轮廓

表面轮廓(surface profile)是一个指定平面与实际表面相交所得到的轮廓。实际表面轮廓由粗糙度轮廓、波度轮廓以及原始轮廓叠加而成,如图5.3所示。GB/T 3505—2009

在测量粗糙度、波度和原始轮廓的仪器中使用 λ_s、λ_c 和 λ_f 三种滤波器,并对这三种轮廓规定了三类参数,即 P 参数、W 参数、R 参数。

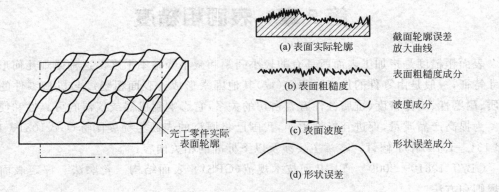

(a) 表面实际轮廓　　　截面轮廓误差放大曲线

(b) 表面粗糙度　　　表面粗糙度成分

(c) 表面波度　　　波度成分

(d) 形状误差　　　形状误差成分

完工零件实际表面轮廓

图 5.1　表面结构示意图

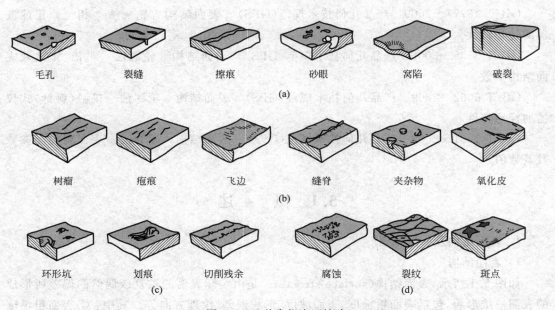

毛孔　　裂缝　　擦痕　　砂眼　　窝陷　　破裂

(a)

树瘤　　疱痕　　飞边　　缝脊　　夹杂物　　氧化皮

(b)

环形坑　　划痕　　切削残余　　腐蚀　　裂纹　　斑点

(c)　　　　　　　　　　　　　　　　(d)

图 5.2　几种常规表面缺陷

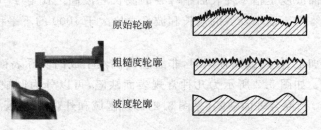

原始轮廓

粗糙度轮廓

波度轮廓

图 5.3　实际表面轮廓

零件表面实际轮廓包括宏观和微观几何形状误差,这些几何误差由表面粗糙度轮廓、表面波度、宏观形状误差等构成,它们叠加在同一表面上。表面粗糙度属于几何形状误差。

4) 轮廓滤波器

轮廓滤波器(profile filter)是把轮廓分成长波和短波成分的滤波器,它分为 λ_s、λ_c 和 λ_f 三种滤波器。其中:

(1) λ_s 滤波器是确定存在于表面上的粗糙度与比它更短的波的成分之间相交界限的滤波器。

(2) λ_c 滤波器是确定粗糙度与波度的成分之间相交界限的滤波器。

(3) λ_f 滤波器是确定存在于表面上的波度与比它更长的波的成分之间相交界限的滤波器。

在测量粗糙度、波度、原始轮廓时使用这三种滤波器,它们的传输特性相同,截止波长不同。如图 5.4 所示为三种滤波器的传输特性图。

如图 5.5 所示,对于表面轮廓来说,原始轮廓是应用短波长滤波器 λ_s 之后的总轮廓,粗糙度轮廓是对原始轮廓 λ_c 滤波器,抑制长波长成分以后形成的轮廓,这是故意修正的轮廓。波度轮廓是对原始轮廓连续应用 λ_c 和 λ_f 滤波器以后形成的轮廓,也是故意修正的轮廓。

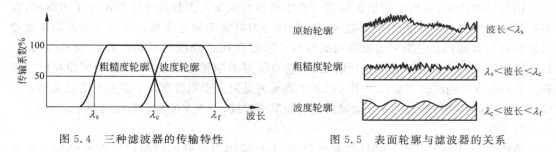

图 5.4　三种滤波器的传输特性　　　　　图 5.5　表面轮廓与滤波器的关系

5) 轮廓参数

GB/T 3505—2009 在测量粗糙度、波度和原始轮廓时,对这三种轮廓规定了三类参数,即 P 参数、W 参数、R 参数。其中:

(1) P 参数:在原始轮廓上计算得到的参数。

(2) W 参数:在粗糙度轮廓上计算得到的参数。

(3) R 参数:在波度轮廓上计算得到的参数。

它们与表面轮廓和滤波器之间的关系如图 5.6 所示。

2. 表面粗糙度产生原因

表面粗糙度是指加工表面具有的较小间距和峰谷所组成的微观几何形状特性。被加工零件表面产生微小峰谷的主要原因包括切削刀具的几何因素、积屑瘤的形成和脱落、工件表面的鳞刺、切屑分离时的塑性变形以及工艺系统的高频振动等。

1) 几何因素

由于刀具切削刃的几何形状、几何参数、进给运动及切削刃本身的粗糙度等原因,未能将被加工表面上的材料层干净地去除掉(只有当刀具上带有刀具副偏角为 0°的修光刃,且进给量小于修光刃宽度时,理论上才不会产生残留面积),在已加工表面遗留下残留面积,残留面积的高度构成了表面粗糙度。

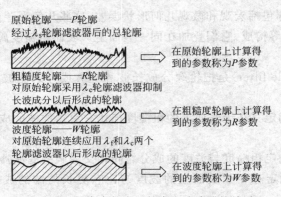

原始轮廓——P轮廓
经过λ$_s$轮廓滤波器后的总轮廓

⟹ 在原始轮廓上计算得
到的参数称为P参数

粗糙度轮廓——R轮廓
对原始轮廓采用λ$_c$轮廓滤波器抑制
长波成分以后形成的轮廓

⟹ 在粗糙度轮廓上计算得
到的参数称为R参数

波度轮廓——W轮廓
对原始轮廓连续应用λ$_f$和λ$_c$两个
轮廓滤波器以后形成的轮廓

⟹ 在波度轮廓上计算得
到的参数称为W参数

图 5.6　轮廓参数表面轮廓和滤波器的关系

实际上,加工表面的粗糙度总是大于残留面积的高度,只有切削脆性材料或高速切削塑性材料时,实际加工表面的粗糙度才比较接近于残留面积的高度,这说明还有其他因素影响表面粗糙度。

2) 积屑瘤

积屑瘤的产生,是由于切屑在切削过程中的塑性流动及刀具的外摩擦超过了内摩擦,在刀具和切屑间很大的压力作用下造成切削底层与刀具前面发生冷焊。积屑瘤对表面粗糙度的影响有两方面:①它能刻画出纵向的沟纹;②它会在破碎脱落时黏附在已加工表面上。其主要原因是:当积屑瘤处在生长阶段时,它与前刀刃的黏结比较牢,因此积屑瘤在已加工表面上刻画纵向沟纹的可能性大于对已加工表面的黏附。当积屑瘤处于最大范围以及消退阶段,它已经不很稳定,这时它一方面虽然还时而刻画沟纹,但更多的是黏附在已加工表面上。

3) 鳞刺

鳞刺是指已加工表面上鳞片状的毛刺,是用高速钢刀具低速切削时经常见到的一种现象。鳞刺对已加工表面质量有严重的影响,它往往使表面粗糙度等级降低 2~4 级,鳞刺是前刀面上摩擦力的周期变化造成的。

4) 振动

切削过程中如果有振动,表面粗糙度就会显著变化。振动是由于径向切削力过大或工件系统的刚度小而引起的。

5) 其他因素

副切削刃对残留表面积的挤压,使残留面积与进给相反方向发生变形,使残留面积顶部歪斜而产生毛刺,加大了表面粗糙度。刀具过渡刃圆弧部分的切削厚度是变化的,近刀尖处的切削厚度很小。当进给量小于一定限度后,这部分的切削厚度小于刃口圆弧所能切下的最小厚度时,就有一部分金属未能切除,就会使表面粗糙度增大。切削脆性材料时,产生崩碎切屑,切屑崩碎时的裂缝深入到已加工表面之下,使表面粗糙度增大。此外,排屑状况、机床设备的精度和刚度等,也会影响已加工表面的表面粗糙度。

3. 表面粗糙度对零件使用性能的影响

零件表面粗糙度的大小,对其使用性能有很大影响,主要表现在以下几方面:

(1) 影响零件表面的耐磨性。当两个零件存在凸峰和凹谷并接触时,一般来说,往往是一部分峰顶接触,它比理论的接触面积要小。单位面积上压力增大,凸峰部分容易产生塑性变形而被折断或剪切,导致磨损加快。为了提高零件表面的耐磨性,应对零件表面提出较高的加工精度要求。

(2) 影响零件配合性质的稳定性。对有相对运动的间隙配合而言,因粗糙表面相对运动产生磨损,实际间隙会逐渐加大。对过盈配合而言,粗糙表面在装配压入过程中,会将凸峰挤平,减小实际有效过盈,降低连接强度。

(3) 影响零件的抗疲劳强度。零件表面越粗糙,对应力集中越敏感。若零件受到交变应力作用,零件表面凹陷处容易产生应力集中而引起零件的损坏。

(4) 影响零件的耐腐蚀性。金属零件的腐蚀主要由于化学和电化学反应造成,如钢铁的锈蚀。越粗糙的零件表面,腐蚀介质越容易存积在零件表面凹谷,再渗入金属内层,造成锈蚀。

(5) 影响零件的接触刚度。由于表面粗糙度使两个接触表面的实际接触面积减少,受力后局部变形增大,降低接触刚度,因而影响零件的工作精度和抗振性。

(6) 影响零件的密封性。粗糙的表面之间无法严密地贴合,气体或液体通过接触面间的缝隙发生渗漏,因此,不利于零件的密封。

(7) 影响机器或仪器的工作精度。表面粗糙度数值越大,配合表面之间的实际接触面积就越小,致使单位面积受力增大,造成接触表面峰顶处的局部塑性变形加剧,接触刚度下降,影响机器的工作精度和精度稳定性。

(8) 影响设备的振动、噪声及动力消耗。当运动副的表面粗糙度参数值过大时,运动件将产生强烈振动和噪声。显然,配合表面越粗糙,随着摩擦系数的增大,摩擦力也越大,从而动力消耗增加。

(9) 影响零件的测量精度。零件被测表面和测量工具测量面的表面粗糙度都会直接影响测量的精度,尤其是在精密测量时。

此外,表面粗糙度对零件的镀涂层、导热性和接触电阻、反射能力和辐射性能、液体和气体流动的阻力、导体表面电流的流通等都会有不同程度的影响。

5.2　表面粗糙度标准

1. 一般术语

测量和评定表面粗糙度轮廓时,应规定取样长度、评定长度、轮廓中线和几何参数。当没有指定测量方向时,测量截面的方向与表面粗糙度轮廓幅度参数的最大值相一致,该方向垂直于被测表面的加工纹理,即垂直于表面主要加工痕迹的方向。

1) 坐标系

坐标系(coordinate system)是确定表面结构参数的坐标体系。通常采用一个直角坐标系,其轴线形成一个右旋笛卡儿坐标系,X 轴与中线方向一致,Y 轴也处于实际表面上,而 Z 轴则在从材料到周围介质的外延方向。

2) 中线

中线(mean lines)是具有几何轮廓形状并划分轮廓的基准线。原始中线是在原始轮廓上按照标称形状用拟合法确定的中线。轮廓中线有以下两种。

(1) 轮廓的最小二乘中线。轮廓的最小二乘中线根据实际轮廓用最小二乘法来确定。如图 5.7 所示,在一个取样长度范围内,使轮廓上各点至该线距离的平方和为最小,即

$$\sum_{i=1}^{n} y_i^2 = \min \tag{5.1}$$

（2）轮廓的算术平均中线。轮廓的算术平均中线是在取样长度范围内,将实际轮廓划分为上下两部分,且使上下面积相等的直线(见图 5.8),即

$$\sum_{i=1}^{n} F_i = \sum_{i=1}^{n} F_i' \tag{5.2}$$

轮廓算术平均中线往往不是唯一的,在一簇算术平均中线中只有一条与最小二乘中线重合。在实际评定和测量表面粗糙度时,使用图解法时可用算术平均中线代替最小二乘中线。

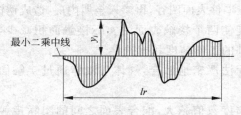 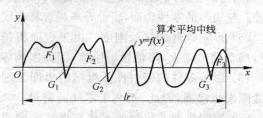

图 5.7　轮廓最小二乘中线　　　　　　　图 5.8　轮廓算术平均中线

3）取样长度 lr

取样长度(sampling length)lr 是评定表面粗糙度时所取的一段基准线长度。规定取样长度的目的在于限制和减弱其他几何形状误差,特别是表面波度对测量结果的影响。表面越粗糙,取样长度越大,因为表面越粗糙,波距也越大,较大的取样长度才能反映一定数量的微量高低不平的痕迹。一般在一个取样长度 lr 内应包含 5 个以上的峰和谷。

4）评定长度 ln

评定长度(evaluation length)ln 是评定表面轮廓所必需的一段长度。评定长度包括一个或几个取样长度,由于零件表面各部分的表面粗糙程度不一定很均匀,在一个取样长度上往往不能合理地反映某一表面粗糙度特征,故需在表面上取几个取样长度来评定表面粗糙度(见图 5.9)。一般取 $ln=5lr$,如被测表面均匀性较好,测量时可选 $ln<5lr$;均匀性差的表面,可选 $ln>5lr$。

5）几何参数

（1）轮廓单元(profile element)是指一个轮廓峰和其相邻的一个轮廓谷的组合,如图 5.10所示。

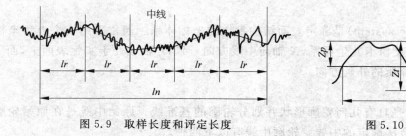

图 5.9　取样长度和评定长度　　　　　　　图 5.10　轮廓单元

（2）轮廓峰高(profile peak height)Zp 是指零件轮廓与轮廓中线 m 相交,轮廓最高点到轮廓中线的距离。

（3）轮廓谷深（profile valley depth）Zv 是指零件轮廓与轮廓中线 m 相交，轮廓最低点到轮廓中线的距离。

（4）轮廓单元的高度（profile element height）Zt 是指轮廓单元的轮廓峰高与轮廓谷深的和。

（5）轮廓单元的宽度（profile element width）Xs 是指轮廓中线与轮廓单元相交线段的长度。

（6）在水平位置 c 上，轮廓的实体材料长度（material length of profile at the level c）$Ml(c)$。如图 5.11 所示，在一个给定水平位置 c 上，用一条平行于轮廓中线的线与轮廓单元相截，所获得的各段截线长度的和，称为轮廓的实体材料长度 $Ml(c)$。这里，c 为轮廓水平截距，即轮廓的峰顶线和平行于它并与轮廓相交的截线之间的距离。轮廓的实体材料长度 $Ml(c)$ 可用公式表示为

$$Ml(c) = \sum_{i=1}^{n} Ml_i \qquad (5.3)$$

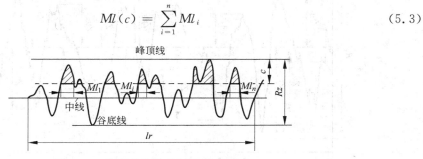

图 5.11　轮廓的实体材料长度 $Ml(c)$

（7）高度和间距辨别力（height and spacing discrimination）。高度和间距辨别力是指应计入被评定轮廓的轮廓峰和轮廓谷的最小高度和最小间距。轮廓峰和轮廓谷的最小高度通常由原始轮廓高度 Pz、表面粗糙度轮廓最大高度 Rz、波度轮廓高度 Wz 中取任一振幅参数的百分数来表示，最小间距则以取样长度的百分率给出。

2. 评定参数

为了能够定量描述零件表面微观几何形状特征，国家标准规定了表面粗糙度评定参数，它包括两个与高度特性有关的参数，即轮廓算术平均偏差 Ra 和轮廓最大高度 Rz；一个与间距特性有关的参数，即轮廓单元的平均宽度 Rsm；以及一个与形状特性有关的参数，即轮廓的支承长度率 $Rmr(c)$。

1）与高度特性有关的参数（幅度参数）

（1）轮廓算术平均偏差 Ra

轮廓算术平均偏差（arithmetical mean deviation of the assessed profile）Ra 如图 5.12 所示，是在取样长度 lr 内，被测实际轮廓上各点至轮廓中线距离绝对值的算术平均值，即

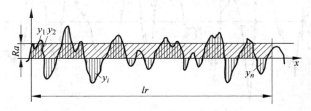

图 5.12　轮廓算术平均偏差

$$Ra = \frac{1}{lr}\int_0^{lr} |y(x)|\,dx \quad \text{或近似为} \quad Ra = \frac{1}{n}\sum_{i=1}^{n} |y_i| \tag{5.4}$$

式中，y 为轮廓偏距(轮廓上各点至基准线的距离)，y_i 为第 i 点的轮廓偏距($i=1,2,\cdots,n$)。

Ra 数值越大，则表面越粗糙。它能充分反映表面微观几何形状高度方面的特性，但因受计量器具功能的限制，不用作为过于粗糙或太光滑的表面的评定参数。

(2) 轮廓最大高度 Rz

如图 5.13 所示轮廓最大高度(maximum height of profile)Rz 是在一个取样长度范围内，最大轮廓峰高 Zp 与最大轮廓谷深 Zv 的和，用符号 Rz 表示，即

$$Rz = Zp + Zv \tag{5.5}$$

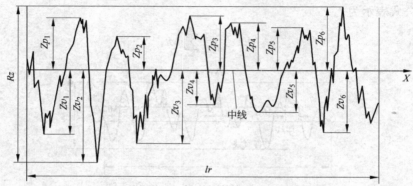

图 5.13　轮廓最大高度

对参数 Rz 需要辨别高度和间距。除非另有要求，省略标注高度分辨力按 Rz 的 10% 选取；省略标注的间距分辨力应按取样长度的 1% 选取。这两个条件都应满足。

2) 与间距特性有关的参数(间距参数)

一个轮廓峰与相邻轮廓谷的组合叫做轮廓单元。在一个取样长度 lr 范围内，中线与各个轮廓单元相交线段的长度叫做轮廓单元的宽度，用符号 Xs_i 表示。

如图 5.14 所示，轮廓单元的平均宽度(mean width of profile elements)Rsm 是指在一个取样长度 lr 范围内所有轮廓单元的宽度 Xs_i 的平均值，即

$$Rsm = \frac{1}{n}\sum_{i=1}^{n} Xs_i \tag{5.6}$$

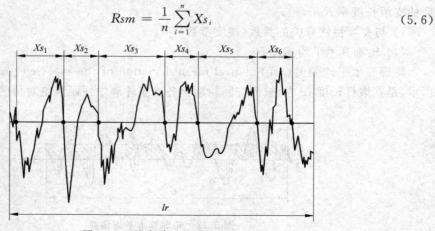

图 5.14　轮廓单元的平均宽度

3) 与形状特性有关的参数(曲线参数)

如图 5.15 所示,轮廓的支承长度率(material ratio of the profile)$Rmr(c)$是指在给定位置 c 上,轮廓的实体材料长度 $Ml(c)$ 与取样长度 lr 的比率,即

$$Rmr(c) = \frac{Ml(c)}{lr} \tag{5.7}$$

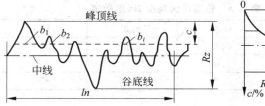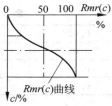

图 5.15　轮廓的支承长度率

轮廓的支承长度率 $Rmr(c)$ 与零件的实际轮廓形状有关,是反映零件表面耐磨性能的指标。轮廓的实体材料长度 $Ml(c)$ 与轮廓的水平截距 c 有关。轮廓的支承长度率 $Rmr(c)$ 应该对应于水平截距 c 给出。c 值多采用轮廓最大高度 Rz 的百分数表示。对于不同的实际轮廓形状,在相同的评定长度内给出相同的水平截距 c,如果 $Rmr(c)$ 越大,则表示零件表面凸起的实体部分就越大,承载面积就越大,因而接触刚度就越高,耐磨性能就越好。

3. 表面粗糙度数值规定

表面粗糙度的参数值已经标准化,设计时应按 GB/T 1031—2009《产品几何技术规范(GPS)表面结构　轮廓法　表面粗糙度参数及其数值》规定,从参数系列中选取。国标规定采用中线制评定表面粗糙度,粗糙度的评定参数一般从 Ra、Rz 中选取,在常用的参数值范围内,优先选用 Ra。如果零件表面有功能要求时,除选用上述高度特征参数外,还可选用附加的评定参数,如间距特征参数和形状特征参数等。取样长度 lr 和评定长度 ln 的数值列于表 5.1。Ra、Rz 和 Rsm 的规范数值分为主系列和补充系列,其主系列数值分别列于表 5.2～表 5.4。轮廓支承长度率 $Rmr(c)$ 的数值列于表 5.5。

表 5.1　lr 和 ln 的数值

$Ra/\mu m$	$Rz/\mu m$	Rsm/mm	$\lambda s/mm$	lr/mm	$ln/mm(ln=5lr)$
≥0.008～0.02	>0.025～0.10	≥0.013～0.04	0.0025	0.08	0.4
>0.02～0.10	>0.10～0.50	>0.04～0.13	0.0025	0.25	1.25
>0.10～2.0	>0.50～10.0	>0.13～0.40	0.0025	0.8	4.0
>2.0～10.0	>10.0～50.0	>0.40～1.30	0.008	2.5	12.5
>10.0～80.0	>50.0～320	>1.30～4.00	0.025	8.0	40.0

注: 1. 对于微观不平度间距较大的端铣、滚铣及其他大进给走刀量的加工表面,应按标准中规定的取样长度系列选取较大的取样长度值。

　　2. 如被测表面均匀性较好,测量时也可选用小于 $5lr$ 的评定长度值,均匀性较差的表面可选用大于 $5lr$ 的评定长度值。

表 5.2　轮廓算术平均偏差 Ra 的数值 　　　　　　　　　$\mu\mathrm{m}$

Ra	0.012	0.20	3.2	50
	0.025	0.40	6.3	100
	0.050	0.80	12.5	
	0.100	1.60	25	

表 5.3　轮廓最大高度 Rz 的数值 　　　　　　　　　$\mu\mathrm{m}$

Rz	0.025	0.4	6.3	100	1600
	0.05	0.8	12.5	200	
	0.1	1.6	25	400	
	0.2	3.2	50	800	

表 5.4　轮廓单元的平均宽度 Rsm 的数值 　　　　　　　　　$\mu\mathrm{m}$

Rsm	0.0060	0.1	1.6
	0.0125	0.2	3.2
	0.0250	0.4	6.3
	0.05	0.8	12.5

表 5.5　轮廓的支承长度率 $Rmr(c)$ 的数值 　　　　　　　　　$\%$

$Rmr(c)$	10	15	20	25	30	40	50	60	70	80	90

注：选用 $Rmr(c)$ 时，必须同时给出轮廓水平截距 c 的数值。c 值多用 Rz 的百分数表示，其系列如下：5%，10%，15%，20%，25%，30%，40%，50%，60%，70%，80%，90%。

　　在一般情况下测量 Rz 和 Ra 时，推荐按表 5.1 选用对应的取样长度和评定长度值，此时在图样上可省略标注取样长度和评定长度。当有特殊要求不能选用表 5.1 中的数值时，应在图样上标注出取样长度值以及评定长度所含取样长度个数。

5.3　表面粗糙度的标注

1. 表面粗糙度的符号与代号

1) 表面结构的图形符号标注

GB/T 1031—2009 对表面粗糙度符号和代号都做了规定。表 5.6 对表面粗糙度的符号和意义进行了说明。

表 5.6　表面粗糙度的符号和意义

符　　号	意义及说明
$\sqrt{}$	基本图形符号,用于未指定工艺方面的表面。由两条不等长的与标注表面成 60°夹角的直线形成,表示对表面结构有要求的符号。基本图形符号仅适用于简化代号标注,当通过一个注释加以解释时,方可单独使用,在没有补充说明时不能单独使用
$\sqrt{}$	扩展图形符号,用于通过去除材料方法获得的表面。在基本图形符号上加一短横,表示指定表面是用去除材料的方法获得,如通过车、铣、钻、磨等机械加工获得的表面。仅当其含义是"被加工去除材料的表面"时方可单独使用

符　　号	意义及说明
⊘	扩展图形符号,用于不允许去除材料的表面。在基本图形符号上加一圆圈,表示指定表面是用不去除材料的方法获得,如铸、锻、冲压成型、热轧冷轧、粉末冶金等。也用于保持原供应状况(包括保持上道工序形成的)表面
⊽⊽⊽	完整图形符号,简称完整符号。在上述三个符号的长边上加一横线,用于对表面结构有补充要求时标注有关参数和说明。 当需要在文本中用文字表达完整符号时,用 APA 表示符号(a),用 MRR 表示符号(b),用 NMR 表示符号(c)
⊽⊽⊽	对工件轮廓各表面都有效的图形符号。在上述三个符号上均加一小圆,表示零件的所有表面具有相同的表面粗糙度要求。当采用该标注方法可能会引起歧义时,各表面应分别标注

2)表面结构图形符号的画法

在完整符号中,对表面结构的单一要求和补充要求应注写在图中所示的指定位置。表面结构补充要求包括表面结构参数代号、数值以及传输带/取样长度。表面粗糙度数值及其有关规定在符号中的注写位置如图 5.16 所示。

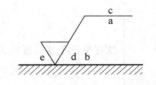

图 5.16　表面粗糙度轮廓代号

图中:a 注写表面结构的单一要求;a 和 b 同时存在,a 注写第一表面结构要求,b 注写第二表面结构要求;c 注写加工方法,如"车""铣""镀"等;d 注写表面纹理方向,如"＝""×""M"等;e 注写加工余量。

表面结构图形符号的各部分尺寸如图 5.17、图 5.18 和表 5.7 所示。

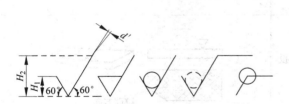

图 5.17　表面粗糙度符号的比例

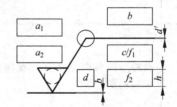

图 5.18　表面粗糙度数值及相关规定的注号

表 5.7　符号尺寸　　　　　　　　　　　　　　　　mm

轮廓线的线宽 b	0.35	0.5	0.7	1	1.4	2	2.8
数字与大写字母(或/和小写字母)的高度 h	2.5	3.5	5	7	10	14	20
符号的线宽 d',数字与字母的笔画宽度 d	0.25	0.35	0.5	0.7	1	1.4	2
高度 H_1	3.5	5	7	10	14	20	28
高度 H_2	8	11	15	21	30	42	60

3)极限值判断规则

完工零件表面按检验规范测得轮廓参数值后,需与图样上给定的极限比较,以判定其是否合格。极限值判断规则有以下两种。

(1)16%规则。运用本规则时,当被检表面测得的全部参数值中,超过极限值的个数不多于总个数的 16%时,该表面是合格的。超过极限值有两种含义:当给定上限值时,超过是指大于给定值;当给定下限值时,超过是指小于给定值。

(2) 最大规则。运用本规则时,被检的整个表面上测得的参数值一个也不应超过给定的极限值。

16%规则是所有表面结构要求标注的默认规则。即当参数代号后未标注"max"字样时,均默认为应用 16%规则(如 $Ra0.8$)。反之,则应用最大规则(如 $Ra\mathrm{max}0.8$)。

2. 表面粗糙度的标注及实例

1) 加工纹理的标注

需控制加工纹理方向时,可在粗糙度基本符号右边 d 处(见图 5.16)加注相应的符号,常见的加工纹理符号如表 5.8 所示。

表 5.8　表面纹理方向符号

符号	说　　明	示　意　图
=	纹理平行于视图所在的投影面	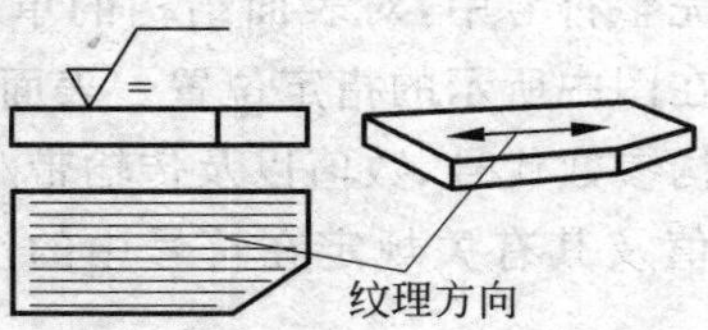
⊥	纹理垂直于视图所在的投影面	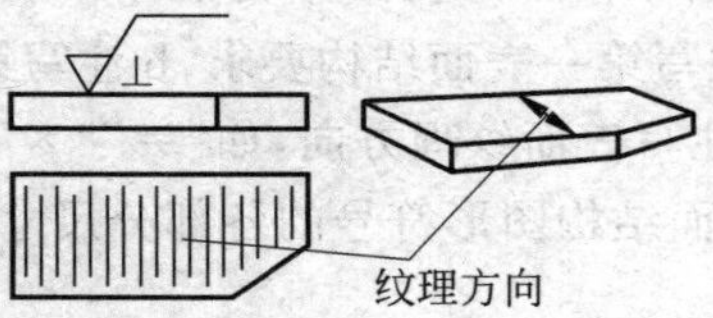
×	纹理呈两斜向交叉且与视图所在的投影面相交	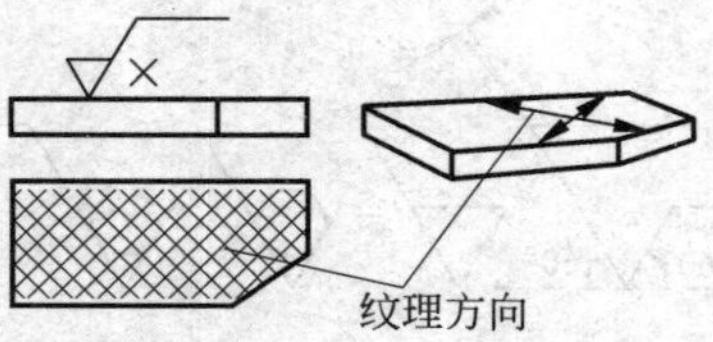
M	纹理呈多方向	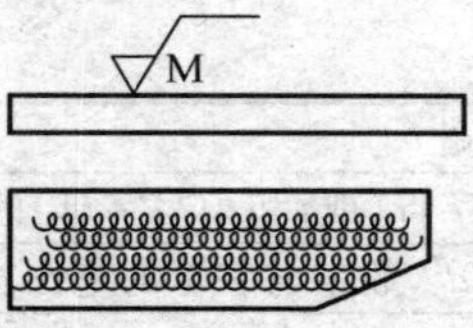
C	纹理呈近似同心圆且圆心与表面中心相关	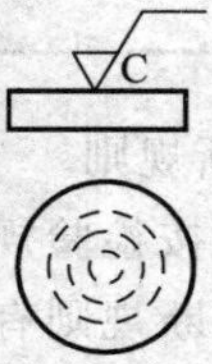

符 号	说　　　明	示　意　图
R	纹理呈近似放射状且与表面圆心相关	
P	纹理呈微粒状、凸起,无方向	

2) 表面粗糙度代号

　　表面粗糙度符号中注写了具体参数代号及数值等要求后即称为表面结构代号。在图样中一般采用图形法标注表面结构要求。新标准允许用文字的方式表达表面结构要求。新标准规定:在报告和合同的文本中可以用文字"APA""MRR""NMR"分别表示允许用任何工艺获得表面、允许用去除材料的方法获得表面以及允许用不去除材料的方法获得表面。例如,对允许用去除材料的方法获得表面,其评定轮廓的算术平均偏差为 0.8 这一要求,在文本中可以表示为"MRR Ra0.8"。表面粗糙度代号标注如表 5.9 所示,表面粗糙度标注的符号和代号含义如表 5.10 所示。

表 5.9　表面粗糙度代号标注

序号	代号	含　　义	标注示例
1	APA	允许用任何工艺获得	APA Ra0.8
2	MRR	允许用去除材料的方法获得	MRR Ra0.8
3	NMR	允许用不去除材料的方法获得	NMR Ra0.8

表 5.10　表面结构符号、代号的含义

序　　号	符　　号	含义/解释
B.2.1	$\sqrt{}$ Rz 0.4	表示不允许去除材料,单向上限值,默认传输带,R 轮廓,表面粗糙度的最大高度 $0.4\mu\mathrm{m}$,评定长度为 5 个取样长度(默认),"16%规则"(默认)
B.2.2	$\sqrt{}$ Rzmax 0.2	表示去除材料,单向上限值,默认传输带,R 轮廓,粗糙度的最大高度的最大值 $0.2\mu\mathrm{m}$,评定长度为 5 个取样长度(默认),"最大规则"
B.2.3	$\sqrt{}$ 0.008~0.8Ra 3.2	表示去除材料,单向上限值,传输带 $0.008\sim0.8\mathrm{mm}$,R 轮廓,算术平均偏差 $3.2\mu\mathrm{m}$,评定长度为 5 个取样长度(默认),"16%规则"(默认)

序　　号	符　　号	含义/解释
B.2.4	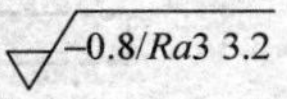 $\sqrt{}$ −0.8/Ra3 3.2	表示去除材料,单向上限值,传输带:根据 GB/T 6062—2009,取样长度 0.8μm(λs 默认 0.0025mm),R 轮廓,算术平均偏差为 3.2μm,评定长度为 3 个取样长度,"16%规则"(默认)
B.2.5	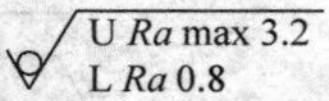 $\sqrt{}$ U Ra max 3.2 L Ra 0.8	表示不允许去除材料,双向极限值,两极限值均使用默认传输带,R 轮廓,上限值:算术平均偏差 3.2μm,评定长度为 5 个取样长度(默认),"最大规则"。下限值:算术平均偏差 0.8μm,评定长度为 5 个取样长度(默认),"16%规则"(默认)
B.3.1	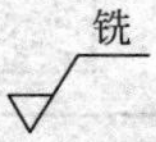 铣 $\sqrt{}$	加工方法:铣削
B.3.2	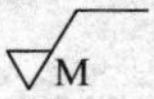 $\sqrt{}$M	表面纹理:纹理呈多方向
B.3.3	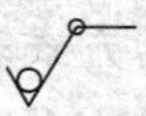 $\sqrt{}$	对投影视图上封闭的轮廓所表示的各表面有相同的表面结构要求
B.3.4	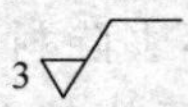 3$\sqrt{}$	加工余量:3mm

注:这里给出的加工方法,表面纹理和加工余量仅作为示例。

3) 表面粗糙度代号标注举例

示例 1　如图 5.19 所示表面粗糙度标注,其含义为上限值 $Ra=50\mu m$;下限值 $Ra=6.3\mu m$;U 和 L 分别表示上限值和下限值,当不会引起歧义时,也可不标注 U、L;极限值规则均为"16%规则";两个传输带均为 0.008~4mm(其中 4mm 为取样长度);评定长度中含有 5 个取样长度(默认),5×4mm ＝20mm;加工方法为铣削;表面纹理符号 C(表示表面纹理呈近似同心圆,且圆心与表面中心相关);加工余量为 3mm。

示例 2　如图 5.20 所示表面粗糙度标注,其含义为第一个表面粗糙度要求 Ra 的上限值为 1.6μm(符合 16%规则),其取样长度为 0.8mm;第二个表面粗糙度要求 Rz 的上限值为 12.5μm(符合最大规则),其取样长度为 2.5mm,Rz 的下限值为 3.2μm(符合最大规则),其取样长度为 2.5mm,其中 U 和 L 在不会引起歧义时也可不标注。

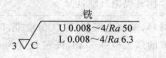

铣
U 0.008~4/Ra 50
L 0.008~4/Ra 6.3

图 5.19　表面粗糙度标注示例 1

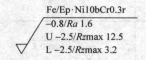

Fe/Ep·Ni10bCr0.3r
−0.8/Ra 1.6
U −2.5/Rzmax 12.5
L −2.5/Rzmax 3.2

图 5.20　表面粗糙度标注示例 2

示例 3　传输带/取样长度为默认值,评定长度中所含取样长度的个数不是默认的 5 个,而是含有 3 个取样长度,如图 5.21 所示,其默认 Rz 为上限值要求,$Rz=6.3\mu m$,符合最大规则。

示例 4　如图 5.22 所示表面粗糙度标注,其含义为传输带/取样长度为默认值;默认评定长度为 5 个取样长度;默认 Ra 为上限值要求,$Ra=1.6\mu m$,默认符合 16% 规则。

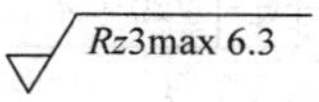

$$\sqrt{Rz3max\ 6.3} \qquad\qquad \sqrt{Ra\ 1.6}$$

图 5.21　表面粗糙度标注示例 3 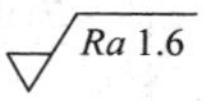　　　　图 5.22　表面粗糙度标注示例 4

4) 表面粗糙度代号在图样上的标注

(1) 一般规定

表面粗糙度注写方向,如图 5.23 所示,表面结构的注写和读取方向与尺寸的注写和读取方向一致。表面结构要求可标注在轮廓线上,其符号应从材料外指向并接触表面,如图 5.24 所示。必要时,表面结构也可用带箭头或黑点的指引线引出标注,如图 5.25 所示。

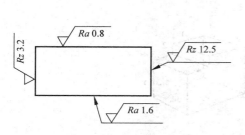

图 5.23　表面粗糙度注写方向

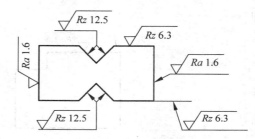

图 5.24　表面粗糙度要求在轮廓线上的标注

必要时也可标注在特征尺寸的尺寸线上(见图 5.26 和图 5.27)或形位公差的框格上(见图 5.28)。

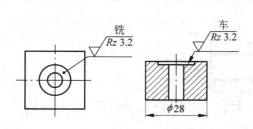

图 5.25　用指引线引出标注表面粗糙度要求

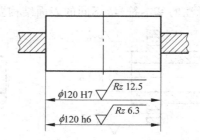

图 5.26　表面粗糙度要求标注在尺寸线上示例 1

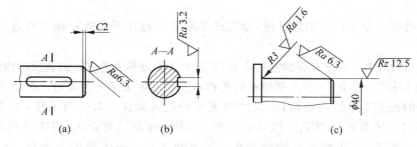

图 5.27　表面粗糙度要求标注在尺寸线上示例 2

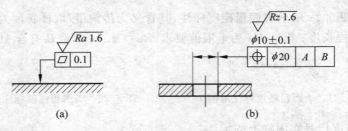

图 5.28　表面粗糙度要求标注在公差框上

（2）简化标注

当多个表面有相同要求或图纸空间有限时，可采用简化注法（见图5.29～图5.31）。图5.29中，表面粗糙度符号是指对图形中封闭轮廓的周边6个面的共同要求（不包括前后面）。

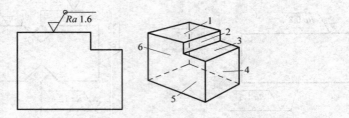

图 5.29　表面粗糙度简化标注示例1

如果在工件的多数（包括全部）表面有相同的表面结构要求时，则其表面结构要求可统一标注在图样的标题栏附近。此时，表面结构要求的符号后面应有：在圆括号内给出无任何其他标注的基本符号，不同的表面结构要求仍应直接标注在图形中，如图5.30所示。

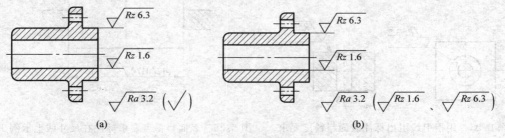

图 5.30　表面粗糙度简化标注示例2

用带字母或不带字母的图形符号，以等式的形式注写在图形或标题栏附近，如图5.31所示。

由几种不同的工艺方法获得的同一表面，当需要明确每种工艺方法的表面结构要求时，可按图5.32进行标注，图中 Fe 表示基体材料为钢，Ep 表示加工工艺为电镀。图5.32(b)所示为三个连续的加工工序的表面结构、尺寸和表面处理的标注。第一道工序：单向上限值，$Rz=1.6\mu m$，"16％规则"（默认），默认评定长度，表面纹理没有要求，用去除材料的工艺。第二道工序：镀铬，无其他表面结构要求。第三道工序：一个单向上限值，仅对长度为50mm的圆柱表面有效，$Rz=6.3\mu m$，"16％规则"（默认），默认评定长度，表面纹理没有要求，磨削加工工艺。

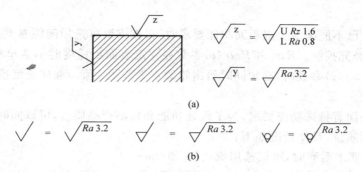

图 5.31　表面粗糙度简化标注示例 3

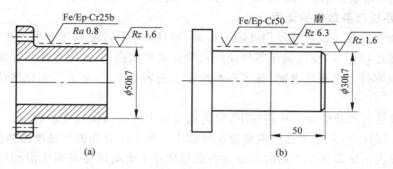

图 5.32　表面粗糙度简化标注示例 4

5.4　表面粗糙度的参数选用

1. 表面粗糙度评定参数的选用

设计机械零件时,表面粗糙度评定参数从 4 个参数中选取。大多数情况下可以只选高度特性评定参数 Ra、Rz,其他参数只有当高度参数不能满足表面功能要求时才按需要选用,且不能单独使用。如 $Rmr(c)$ 评定参数是在表面承受重载、要求耐磨强度时才采用的,因此,高度参数是基本参数。

轮廓算术平均偏差 Ra 是国家标准推荐优先选用的高度特性参数,是世界各国的表面粗糙度标准广泛采用的最基本的评定参数。Ra 能较全面地反映表面微观几何形状特征及轮廓凸峰高度,且测量方便。因此 GB/T 1031—2009 中规定,在常用参数范围内(Ra 为 $0.025 \sim 6.3\mu m$,Rz 为 $0.1 \sim 25\mu m$),推荐优先选用 Ra 参数,该参数适合应用触针扫描方法测量。使用一种叫做"电动轮廓仪"或"表面粗糙度参数检测仪"的仪器进行测量。由于触针要求做到很尖细,制造起来很困难,且使用过程中容易损坏,所以当粗糙度要求特别高或特别低($Ra < 0.025\mu m$,$Ra > 6.3\mu m$)时,都不适宜采用触针扫描方法,因此推荐使用 Rz 参数评定,因为该参数测量适合人工数字处理,可用光切显微镜和光干涉显微镜测量。

当表面很小或为曲面时,取样长度可能不足一个或只有两三个粗糙度轮廓峰谷,或表面粗糙度要求很低时可选用 Rz 参数;对易产生应力集中而导致疲劳破坏的较敏感表面,可在选取 Ra 或 Rz 参数的基础上再选取 Rsm 参数,使轮廓的最大高度也加以控制,但 Ra 和 Rz

不能同时都选用。

当高度参数已不能满足控制表面功能要求时,根据需要可选用间距参数 Rsm 和形状特性参数 $Rmr(c)$ 补充控制。Rsm 和 $Rmr(c)$ 参数在评定表面粗糙度时不能单独使用,选用轮廓支承长度率 $Rmr(c)$ 参数时,必须同时给出轮廓水平截距 c 值。取样长度值一般应按高度参数选取标准值。

如果零件表面有特殊功能要求,为了保证功能和提高产品质量,可以同时选用几个参数来综合控制表面质量,具体情况如下:

(1) 当表面要求耐磨时,可以选用 Ra、Rz 和 $Rmr(c)$。

(2) 当表面要求承受交变应力时,可以选用 Rz 和 Rsm。

(3) 当表面着重要求外观质量和可漆性时,可选用 Ra 和 Rsm。

2. 表面粗糙度参数值的选用

零件表面粗糙度不仅对其使用性能有影响,而且关系到产品质量和生产成本。因此,在选择表面粗糙度数值时,应在满足零件使用功能要求的前提下,同时考虑零件的工艺性和经济性。在确定零件表面粗糙度时,除了有特殊要求的表面外,一般采用类比法选取。一般选择原则如下:

(1) 在满足表面功能要求的情况下,尽量选用较大的表面粗糙度参数值。

(2) 同一零件上,工作表面的粗糙度参数值小于非工作表面的粗糙度参数值。

(3) 摩擦表面比非摩擦表面的粗糙度参数值要小;滚动摩擦表面比滑动摩擦表面的粗糙度参数值要小;运动速度高、单位压力大的摩擦表面应比运动速度低、单位压力小的摩擦表面的粗糙度参数值要小。

(4) 受循环载荷的表面及易引起应力集中的部分(如圆角、沟槽),表面粗糙度参数值要小。

(5) 配合性质要求高的结合表面、配合间隙小的配合表面以及要求连接可靠、受重载的过盈配合表面等,都应取较小的粗糙度参数值。

(6) 配合性质相同,零件尺寸愈小则表面粗糙度参数值应愈小;同一精度等级,小尺寸比大尺寸、轴比孔的表面粗糙度参数值要小。

通常尺寸公差、表面形状公差小时,表面粗糙度参数值也小。但表面粗糙度参数值和尺寸公差、表面形状公差之间并不存在确定的函数关系,如手轮、手柄的尺寸公差值较大,但表面粗糙度参数值却较小。一般情况下,它们之间有一定的对应关系。设表面形状公差值为 T,尺寸公差值为 IT,它们之间可参照以下对应关系:

$$
\begin{aligned}
&若\quad T\approx0.6IT,\qquad 则\quad Ra\leqslant0.05IT;\quad Rz\leqslant0.2IT\\
&\quad\quad T\approx0.4IT,\qquad\qquad Ra\leqslant0.025IT;\quad Rz\leqslant0.1IT\\
&\quad\quad T\approx0.25IT,\qquad\qquad Ra\leqslant0.012IT;\quad Rz\leqslant0.05IT\\
&\quad\quad T<0.25IT,\qquad\qquad Ra\leqslant0.015IT;\quad Rz\leqslant0.6IT
\end{aligned}
$$

目前,参数值大小的确定还缺乏理论计算方法,一般凭设计人员的实践经验确定,或查阅设计手册中前人经验的总结,再根据实际情况调整后确定。在此过程中需要考虑的因素有运动速度、工作温度、载荷、润滑状况、材料、结构、成本要求等;表5.11和表5.12中列出了常用表面粗糙度的表面特征、经济加工方法、应用举例,以及不同表面粗糙度参数值所适用的零件表面应用场合,供选择时参考。

表 5.11　表面粗糙度参数值与所适用的零件表面

表面微观特性		Ra/μm	Rz/μm	加工方法	适用零件表面
粗糙表面	可见刀痕	100 50	400 200	粗车、镗、刨、钻	粗加工后得到的表面，一般很少直接使用
	微见刀痕	25	100	粗车、刨、钻、立铣、平铣	在粗加工表面中精度较高的一级，应用较广，用于一般的非接合的加工面，如轴端面、倒角、钻孔、齿轮及皮带轮的侧面，键槽非工作表面，垫圈的接触面等
半光表面	可见加工痕迹	12.5	50	车、镗、刨、钻、立铣、平铣、锉、粗铰、磨、铣齿	半精加工表面。用于不重要零件的非配合表面，如支柱、轴、支架、外壳、衬套、盖等的端面；螺钉、螺栓和螺母的自由表面；不要求作定心和配合的表面，如螺栓孔、螺钉孔、铆钉孔等；固定安装支承面，如螺钉头接触表面、飞轮、皮带轮、联轴节、凸轮、偏心轮的侧面；平键及键槽上下面，斜键侧面，花键非定心表面，齿顶圆表面，所有轴和孔的退刀槽表面等
	微见加工痕迹	6.3	25	车、镗、刨、铣、铰、拉、磨、刮(1~2/cm²)、滚压、铣齿	半精加工表面和其他零件连接而不形成配合的表面，如外壳、箱体、支架、盖、凸耳、端面等；不重要的紧固螺纹表面，非传动用梯形螺纹、锯齿螺纹表面，轴与油毡圈摩擦表面。需要发蓝的表面；要求定心和配合的固定支承表面，如定心轴肩；键和键槽的工作面，张紧链轮、导向滚轮与轴的配合表面；滑块及导向面(速度 20~50m/min)、燕尾槽表面等
	看不清加工痕迹	3.2	12.5	车、镗、刨、铣、拉、刮(1~2/cm²)、铰、磨、滚压、铣齿	要求一般定心和配合的固定支承，如衬套、轴承和定位销安装孔表面；不要求定心和配合的活动支承面，如活动关节及花键结合面；8级齿轮的齿面，齿条曲面；传动螺纹工作面；低速传动的轴颈；楔形键及其键槽上、下面；轴承盖凸肩(定心用)，端盖内侧面，三角皮带轮槽表面，电镀前金属表面等

续表

表面微观特性		$Ra/\mu m$	$Rz/\mu m$	加工方法	适用零件表面
光表面	可辨加工痕迹方向	1.6	6.3	车、镗、拉、磨、立铣、刮(3~10 点/cm²)、铰、磨、滚压	要求保证定心及配合的表面;锥销和圆柱销表面;与0级和6级滚动轴承相配合的孔和轴颈表面;中速转动的轴颈;过盈配合的IT7孔;间隙配合的IT8孔;花键轴定心表面;滑动导轨面;不要求保证定心和配合特性的活动支承面,如高精度活动球状接头表面、支承垫圈表面、磨削的轮齿表面等
	微辨加工痕迹方向	0.8	3.2	铰、磨、刮(3~10 点/cm²)、镗、拉、滚压	要求能长期保持配合特性和疲劳强度的表面;IT6、IT5孔,6级精度齿轮齿面;6级或7级蜗杆齿面;与5级滚动轴承配合的孔和轴颈表面;要求保证定心及配合特性的活动支承面,如导杆表面;滚动轴承轴颈工作表面;分度盘表面;工作时受交变应力的重要零件表面;受力螺栓的圆柱表面;曲轴和凸轮轴工作表面;发动机气门圆锥面;与橡胶油封相配的轴表面等
	不可辨加工痕迹方向	0.4	1.6	磨、研磨、超级加工	工作时受交变应力的重要零件表面;保证疲劳强度、防腐蚀性及耐久性,并在工作时不破坏配合特性的表面,如轴颈表面、活塞和柱塞表面;精密机床主轴锥孔;发动机曲轴、凸轮工作表面;高精度齿轮齿面;保证精确定心的锥体表面;仪器中承受摩擦的表面,如导轨、槽面等
极光表面	暗光泽面	0.2	0.8	精磨、研磨、普通抛光	工作时受较大交变应力的重要零件表面;保证疲劳强度、防腐蚀性及在活动接头工作中有耐久性要求的一些表面,如活塞销的表面;液压传动用孔的表面
	亮光泽面	0.1	0.4	超精磨、精抛光、镜面磨削	滚动轴承套圈滚道、滚珠及滚柱表面;汽缸内表面;摩擦离合器的摩擦表面;工作量规的测量表面;精密刻度盘表面;精密机床主轴套筒外圆表面等
	镜状光泽面	0.05	0.2		精密的滚动轴承套圈滚道、滚珠及滚柱表面;量仪中较高精度间隙配合零件的工作表面;柴油机高压泵中柱塞副的配合表面;保证高度气密的接合表面等
	雾状镜面	0.025	0.1	镜面磨削、超精研	特别精密的滚动轴承套圈滚道、滚珠及滚柱表面;量仪中高精度间隙配合零件的工作表面等
	镜面	0.012	0.05		高精度量仪、量块的测量面;精密光学仪器的金属镜面等

表 5.12 表面粗糙度 *Ra* 的推荐选用值

应用场合		公差等级	基本尺寸/mm					
			≤50		>50～120		>120～500	
			轴	孔	轴	孔	轴	孔
经常装拆零件的配合表面		IT5	≤0.2	≤0.4	≤0.4	≤0.8	≤0.4	≤0.8
		IT6	≤0.4	≤0.8	≤0.8	≤1.6	≤0.8	≤1.6
		IT7	≤0.8		≤1.6		≤1.6	
		IT8	≤0.8	≤1.6	≤1.6	≤3.2	≤1.6	≤3.2
过盈配合	压入装配	IT5	≤0.2	≤0.4	≤0.4	≤0.8	≤0.4	≤0.8
		IT6～IT7	≤0.4	≤0.8	≤0.8	≤1.6	≤1.6	
		IT8	≤0.8	≤1.6	≤1.6	≤3.2	≤3.2	
	热装	—	≤1.6	≤3.2	≤1.6	≤3.2	≤1.6	≤3.2

滑动轴承的配合表面	公差等级	轴	孔
	IT6～IT9	≤0.8	≤1.6
	IT10～IT12	≤1.6	≤3.2
	液体湿摩擦条件	≤0.4	≤0.8

圆锥结合的工作面	密封配合	对中配合	其他
	≤0.4	≤1.6	≤6.3

密封材料处的孔、轴表面	密封形式	速度/(m/s)		
		≤3	3～5	≥5
	橡胶圈密封	0.8～1.6(抛光)	0.4～0.8(抛光)	0.2～0.4(抛光)
	毡圈密封	0.8～1.6(抛光)		
	迷宫式	3.2～6.3		
	涂油槽式	3.2～6.3		

精密定心零件的配合表面	IT5～IT8	径向跳动	2.5	4	6	10	16	25
		轴	≤0.05	≤0.1	≤0.1	≤0.2	≤0.4	≤0.8
		孔	≤0.1	≤0.2	≤0.2	≤0.4	≤0.8	≤1.6

V 带和平带轮工作表面	带轮直径/mm		
	≤120	>120～315	>315
	1.6	3.2	6.3

箱体分界面(减速箱)	类型	有垫片	无垫片
	需要密封	3.2～6.3	0.8～1.6
	不需要密封	6.3～12.5	

习　题

5.1　表面粗糙度对零件的使用性能有哪些影响?

5.2　为什么要规定取样长度和评定长度? 二者的区别何在? 关系如何?

5.3　国家标准规定了哪些粗糙度评定参数? 如何选用?

5.4　将表面粗糙度符号标注在图 5.33 中,要求:

(1) 用去除材料的方法获得 ϕd_1、ϕd_2,要求 *Ra* 最大允许值为 $3.2 \mu m$。

(2) 用去除材料的方法获得表面 *a*,要求 *Rz* 最大允许值为 $3.2 \mu m$。

（3）其余用去除材料的方法获得表面，要求 Ra 允许值均为 $25\mu m$。

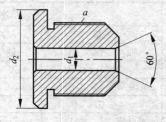

图 5.33　习题 5.4 图

5.5　试将下列的表面粗糙度轮廓技术要求标注在图 5.34 上。

（1）两 ϕd_1 圆柱面的表面粗糙度轮廓参数 Ra 的上限值为 $1.6\mu m$，下限值为 $0.8\mu m$。

（2）ϕd_2 圆柱面的表面粗糙度轮廓参数 Ra 的最大值为 $3.2\mu m$，最小值为 $1.6\mu m$。

（3）宽度为 b 的键槽两侧面的表面粗糙度 Ra 的上限值为 $3.2\mu m$。

（4）其余表面的表面粗糙度 Ra 的最大值为 $12.5\mu m$。

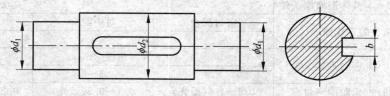

图 5.34　习题 5.5 图

5.6　指出图 5.35 标注中的错误，并加以改正。

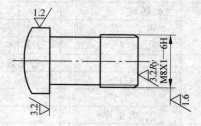

图 5.35　习题 5.6 图

第6章 技术测量基础知识

本章主要介绍光滑工件尺寸检验原则及其计量器具选择方法,以及光滑极限量规的作用、种类及其工作量规公差带的分布特点等,本章涉及以下国家标准内容。

GB/T 3177—2009 产品几何量技术规范(GPS) 光滑工件尺寸的检验

GB/T 1957—2006 光滑极限量规 技术条件

GB/T 1800.2—2009 产品几何量技术规范(GPS) 极限与配合 第二部分:标准公差等级和孔、轴极限偏差

6.1 光滑工件尺寸检验

1. 验收原则及方法

1) 误废与误收

由于各种测量误差的存在,若按零件的最大、最小极限尺寸验收零件,当零件的实际尺寸处于最大、最小极限尺寸附近时,有可能将本来处于零件公差带内的合格品判为废品,或将本来处于零件公差带以外的废品误判为合格品,前者称为"误废",后者称为"误收"。

如图 6.1 所示,用分度值为 0.01mm,测量极限误差(不确定度)为 ± 0.004mm 的外径千分尺测量 $\phi 40_{-0.062}^{~~0}$mm 的轴,若按极限尺寸验收,即凡是测量结果在 $\phi 39.938$mm～$\phi 40$mm 范围内的轴都认为是合格的,但由于测量误差的存在,会造成处于 $\phi 40$mm～$\phi 40.004$mm 与 $\phi 39.934$mm～$\phi 39.938$mm 范围内的不合格零件有可能被误收,而处于 $\phi 39.996$mm～$\phi 40$mm 与 $\phi 39.938$mm～$\phi 39.942$mm 范围内的合格零件有可能被误废的现象。

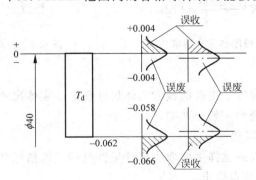

图 6.1 误收与误废

显然,测量误差越大,则误收、误废的概率也越大;反之,测量误差越小,则误收、误废的概率也越小。假如对同样的轴,改用不确定度为 0.001mm 的比较仪测量,则误收、误废的概率也将减小。

2) 验收极限与安全裕度 A

国家标准规定的验收原则是:所采用的验收方案,应当只接收位于所规定的极限尺寸

之内的工件,即:只允许有误废,而不允许有误收。这一验收原则,是从确保产品质量的角度进行考虑的。根据这一验收原则,为了保证零件满足互换性要求,将误收减至最小,国标规定了验收极限。

验收极限是指检验工件尺寸时,判断工件合格与否的尺寸界线。国家标准规定,验收极限可按下列两种方法之一确定。

(1) 内缩方式

如图 6.2 所示,该方式规定验收极限分别从工件的最大实体尺寸和最小实体尺寸向公差带内缩一个安全裕度 A。这种验收方式用于单一要素包容原则和公差等级较高的场合。

该方法可计算确定合格工件的上验收极限和下验收极限:

$$上验收极限 = 最大极限尺寸 - A \tag{6.1}$$
$$下验收极限 = 最小极限尺寸 + A \tag{6.2}$$

安全裕度 A 由工件的公差值确定,A 的数值取工件公差的 $1/10$,其数值如表 6.1 所示。

通常,把由验收极限和测量极限误差所确定的允许尺寸变化范围称为"保证公差",而把为了保证公差在生产中应控制的允许尺寸变化范围称为"生产公差",如图 6.3 所示。在生产公差一定时,测量误差越大,保证公差也越大,产品质量也就越低;在保证公差一定时,允许的测量极限误差越大,生产公差就越小,加工成本越高。反之,允许的测量极限误差越小,则测量的成本越高,这影响生产过程的经济性。因此,必须正确地选择计量器具(控制一定的测量不确定度)和确定验收极限,才能更好地保证产品质量和降低生产成本。

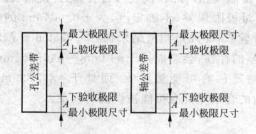

图 6.2　验收极限和安全裕度

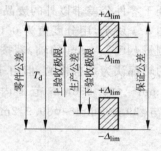

图 6.3　生产公差和保证公差

(2) 不内缩方式

该方式规定验收极限等于工件的最大实体尺寸和最小实体尺寸,即安全裕度 $A=0$。这种验收方式常用于非配合和一般公差的尺寸。

2. 计量器具的选择原则

机械制造中计量器具的选择主要取决于计量器具的技术指标和经济指标。在综合考虑这些指标时,主要有以下两点要求。

(1) 按被测工件的部位、外形及尺寸来选择计量器具,使所选择的计量器具的测量范围能满足工件的要求。

(2) 按被测工件的公差来选择计量器具。考虑到计量器具的误差将会带入工件的测量结果中,因此选择的计量器具允许的极限误差应当小。但计量器具的极限误差越小,其价格就越高,对使用时的环境条件和操作者的要求也越高。因此,在选择计量器具时,应将技术指标和经济指标统一进行考虑。

表 6.1 安全裕度（A）与计量器具的测量不确定度允许值（u₁）

μm

公差等级		6					7					8					9					10					11				
基本尺寸/mm		T	A	u_1			T	A	u_1			T	A	u_1			T	A	u_1			T	A	u_1			T	A	u_1		
大于	至			I	II	III			I	II	III			I	II	III			I	II	III			I	II	III			I	II	III
—	3	6	0.6	0.54	0.9	1.4	10	1.0	0.9	1.5	2.3	14	1.4	1.3	2.1	3.2	25	2.5	2.3	3.8	5.6	40	4.0	3.6	6.0	9.0	60	6.0	5.4	9.0	14
3	6	8	0.8	0.72	1.2	1.8	12	1.2	1.1	1.8	2.7	18	1.8	1.6	2.7	4.1	30	3.0	2.7	4.5	6.8	48	4.8	4.3	7.2	11	75	7.5	6.8	11	17
6	10	9	0.9	0.81	1.4	2.0	15	1.5	1.4	2.3	3.4	22	2.2	2.0	3.3	5.0	36	3.6	3.3	5.4	8.1	58	5.8	5.2	8.7	13	90	9.0	8.1	14	20
10	18	11	1.1	1.0	1.7	2.5	18	1.8	1.7	2.7	4.1	27	2.7	2.4	4.1	6.1	43	4.3	3.9	6.5	9.7	70	7.0	6.3	11	16	110	11	10	17	25
18	30	13	1.3	1.2	2.0	2.9	21	2.1	1.9	3.2	4.7	33	3.3	3.0	5.0	7.4	52	5.2	4.7	7.8	12	84	8.4	7.6	13	19	130	13	12	20	29
30	50	16	1.6	1.4	2.4	3.6	25	2.5	2.3	3.8	5.6	39	3.9	3.5	5.9	8.8	62	6.2	5.6	9.3	14	100	10	9.0	15	23	160	16	14	24	36
50	80	19	1.9	1.7	2.9	4.3	30	3.0	2.7	4.5	6.8	46	4.6	4.1	6.9	10	74	7.4	6.7	11	17	120	12	11	18	27	190	19	17	29	43
80	120	22	2.2	2.0	3.3	5.0	35	3.5	3.2	5.3	7.9	54	5.4	4.9	8.1	12	87	8.7	7.8	13	20	140	14	13	21	32	220	22	20	33	50
120	180	25	2.5	2.3	3.8	5.6	40	4.0	3.6	6.0	9.0	63	6.3	5.7	9.5	14	100	10	9.0	15	23	160	16	14	24	36	250	25	23	38	56
180	250	29	2.9	2.6	4.4	6.5	46	4.6	4.1	6.9	10	72	7.2	6.5	11	16	115	12	10	17	26	185	19	17	28	42	290	29	26	44	65
250	315	32	3.2	2.9	4.8	7.2	52	5.2	4.7	7.8	12	81	8.1	7.3	12	18	130	13	12	19	29	210	21	19	32	47	320	32	29	48	72
315	400	36	3.6	3.2	5.4	8.1	57	5.7	5.1	8.4	13	89	8.9	8.0	13	20	140	14	13	21	32	230	23	21	35	52	360	36	32	54	81
400	500	40	4.0	3.6	6.0	9.0	63	6.3	5.7	9.5	14	97	9.7	8.7	15	22	155	16	14	23	35	250	25	23	38	56	400	40	36	60	90

续表

公差等级 基本尺寸/mm		12				13				14				15				16				17				18			
大于	至	T	A	u_1 I	u_1 II	T	A	u_1 I	u_1 II	T	A	u_1 I	u_1 II	T	A	u_1 I	u_1 II	T	A	u_1 I	u_1 II	T	A	u_1 I	u_1 II	T	A	u_1 I	u_1 II
—	3	100	10	9	15	140	14	13	21	250	25	23	38	400	40	36	60	600	60	54	90	1000	100	90	150	1400	140	125	210
3	6	120	12	11	18	180	18	16	27	300	30	27	45	480	48	43	72	750	75	68	110	1200	120	110	180	1800	180	160	270
6	10	150	15	14	23	220	22	20	33	360	36	32	54	580	58	52	87	900	90	81	140	1500	150	140	230	2200	220	200	330
10	18	180	18	16	27	270	27	24	41	430	43	39	65	700	70	63	110	1100	110	100	170	1800	180	160	270	2700	270	240	400
18	30	210	21	19	32	330	33	30	50	520	52	47	78	840	84	76	130	1300	130	120	200	2100	210	190	320	3300	330	300	490
30	50	250	25	23	38	390	39	35	59	620	62	56	93	1000	100	90	150	1600	160	140	240	2500	250	230	380	3900	390	350	580
50	80	300	30	27	45	460	46	41	69	740	74	67	110	1200	120	110	180	1900	190	170	290	3000	300	270	450	4600	460	410	690
80	120	350	35	32	53	540	54	49	81	870	87	78	130	1400	140	130	210	2200	220	200	330	3500	350	330	530	5400	540	490	810
120	180	400	40	36	60	630	63	57	95	1000	100	90	150	1600	160	140	240	2500	250	230	380	4000	400	360	600	6300	630	570	940
180	250	460	46	41	69	720	72	65	110	1150	115	104	170	1850	185	170	280	2900	290	260	440	4600	460	410	690	7200	720	650	1080
250	315	520	52	47	78	810	81	73	120	1300	130	117	190	2100	210	190	320	3200	320	290	480	5200	520	470	780	8100	810	730	1210
315	400	570	57	51	80	890	89	80	130	1400	140	126	210	2300	230	210	350	3600	360	320	540	5700	570	510	860	8900	890	800	1330
400	500	630	63	57	95	970	97	87	150	1500	150	135	230	2500	250	230	380	4000	400	360	600	6300	630	570	950	9700	970	870	1450

通常计量器具的选择可根据 GB/T 3177—2009《几何量技术规范(GPS)光滑工件尺寸的检验》进行。对于没有标准的其他工件检测用的计量器具,应使所选用的计量器具的极限误差占被测工件公差的 1/10~1/3,其中对低精度的工件采用 1/10,对高精度的工件采用1/3,甚至 1/2。工件精度越高,对计量器具的精度要求也越高。高精度的计量器具因制造困难,所以使其极限误差占工件公差的比例增大是合理的。表 6.2 列出了一些计量器具的极限误差。

表 6.2　计量器具的极限误差

计量器具名称	分度值/mm	所用量块		尺寸范围/mm							
		检定等别	精度级别	1~10	10~50	50~80	80~120	120~180	180~260	260~360	360~500
				测量极限误差/±μm							
立式、卧式光学计测外尺寸	0.001	4	1	0.4	0.6	0.8	1.0	1.2	1.8	2.5	3.0
		5	2	0.7	1.0	1.3	1.6	1.8	2.5	3.5	4.5
立式、卧式测长仪测外尺寸	0.001	绝对测量		1.1	1.5	1.9	2.0	2.3	2.3	3.0	3.5
卧式测长仪测内尺寸	0.001	绝对测量		2.5	3.0	3.5	3.5	3.8	4.2	4.8	—
测长机	0.001	绝对测量		1.0	1.3	1.6	2.0	2.5	4.0	5.0	6.0
万能工具显微镜	0.001	绝对测量		1.5	2	2.5	2.5	3.5	—	—	—
大型工具显微镜	0.001	绝对测量		5	5						
接触式干涉仪				$\Delta \leqslant 0.1\mu m$							

为了保证测量结果的可靠性和量值的统一,国家标准规定:应按照计量器具的测量不确定允许值 u_1 选择计量器具。u_1 的数值分为Ⅰ、Ⅱ、Ⅲ挡,分别约为工件公差的 1/10、1/6、1/4;对于 IT6~IT11,u_1 的值分为Ⅰ、Ⅱ、Ⅲ挡;对于 IT12~IT18,u_1 的值分为Ⅰ、Ⅱ挡。在一般情况下,优先选用Ⅰ挡,其次选用Ⅱ、Ⅲ挡。u_1 的数值如表 6.1 所示。

标准规定计量器具的选择,应按测量不确定度的允许值 U 来进行,U 由计量器具的不确定度 u_1 和由测量时的温度、工件形状误差以及测力引起的误差 u_2 等组成。$u_1 = 0.9U$,$u_2 = 0.45U$,测量不确定度的允许值 $U = \sqrt{u_1^2 + u_2^2}$。选择计量器具时,应保证所选择的计量器具的不确定度不大于允许值 u_1。表 6.3~表 6.5 列出了有关计量器具不确定度的允许值。

表 6.3　千分尺和游标卡尺的不确定度　　　　　　　　mm

尺寸范围		计量器具类型			
		分度值为 0.01mm 的外径千分尺	分度值为 0.01mm 的内径千分尺	分度值为 0.02mm 的游标卡尺	分度值为 0.05mm 的游标卡尺
大于	至	不确定度			
0	50	0.004	0.008	0.020	0.050
50	100	0.005			
100	150	0.006			
150	200	0.007			0.100
200	250	0.008	0.013		
250	300	0.009			
300	350	0.010			
350	400	0.011	0.020		
400	450	0.012			
450	500	0.013	0.025		
500	600		0.030		
600	700				
700	1000				0.150

注：当采用比较测量时，千分尺的不确定度可小于本表规定的数值，一般可减小 40%。

表 6.4　比较仪的不确定度　　　　　　　　mm

尺寸范围		所使用的计量器具			
		分度值为 0.0005mm（相当于放大倍数 2000 倍）的比较仪	分度值为 0.001mm（相当于放大倍数 1000 倍）的比较仪	分度值为 0.002mm（相当于放大倍数 500 倍）的比较仪	分度值为 0.005mm（相当于放大倍数 200 倍）的比较仪
大于	至	不确定度			
0	25	0.0006	0.0010	0.0017	0.0030
25	40	0.0007			
40	65	0.0008	0.0011	0.0018	
65	90	0.0008			
90	115	0.0009	0.0012	0.0019	
115	165	0.0010	0.0013		
165	215	0.0012	0.0014	0.0020	0.0035
215	265	0.0014	0.0016	0.0021	
265	315	0.0016	0.0017	0.0022	

注：测量时，使用的标准器由 4 块 1 级（或 4 等）量块组成。

表 6.5　指示表的不确定度　　　　　　　　　　　　　　mm

尺寸范围		所使用的计量器具			
		分度值为 0.001 的千分表（0 级在全程范围内，1 级在 0.2mm 内），分度值为 0.002mm 的千分表（在 1 转范围内）	分度值为 0.001、0.002、0.005mm 的千分表（1 级在全程范围内），分度值为 0.01mm 的百分表（0 级在任意 1mm 内）	分度值为 0.01mm 的百分表（0 级在全程范围内，1 级在任意 1mm 内）	分度值为 0.01mm 的百分表（1 级在全程范围内）
大于	至	不确定度			
0	25	0.005	0.010	0.018	0.030
25	40				
40	65				
65	90				
90	115				
115	165	0.006			
165	215				
215	265				
265	315				

注：测量时，使用的标准器由 4 块 1 级（或 4 等）量块组成。

例 6.1　工件的尺寸为 $\phi250h11Ⓔ$，即采用的是包容要求，说明计量器具的选择。

解：（1）首先根据表 6.1 查得 $A=29\mu m$，$u_1=26\mu m$。由于工件采用包容要求，故应按内缩方式确定验收极限，则

上验收极限 $=d_{max}-A=(250-0.029)mm=249.971mm$

下验收极限 $=d_{min}+A=(250-0.29+0.029)mm=249.739mm$

（2）由表 6.3 找出分度值为 0.02mm 的游标卡尺可以满足要求。因其不确定度为 0.020mm，小于 $u_1=0.026mm$。

6.2　光滑极限量规设计

在机械器制造中，工件的尺寸一般使用通用计量器具来测量，但在成批或大量生产中，多用光滑极限量规来检验。光滑极限量规（plain limit gauge）是一种无刻度的专用检验工具，用它来检验工件时，只能确定工件是否在允许的极限尺寸范围内，不能测量出工件实际尺寸的具体数值。这种方法简便、迅速，可保证互换性。

1. 量规的种类

检验孔径的光滑极限量规叫做塞规（plug gauge）。如图 6.4 所示为塞规直径与孔径的关系。一个塞规按被测孔的最大实体尺寸（即孔的最小极限尺寸）制造，另一个塞规按被测孔的最小实体尺寸（即孔的最大极限尺寸）制造。前者叫做塞规的"通规"（go gauge）（或"通端"），后者叫做塞规的"止规"（no go gauge）（或"止端"）。使用时，塞规的通规通过被检验

孔,表示被测孔径大于最小极限尺寸;塞规的止规塞不进被检验孔,表示被测孔径小于最大极限尺寸,即说明孔的实际尺寸在规定的极限尺寸范围内,被检验孔是合格的。

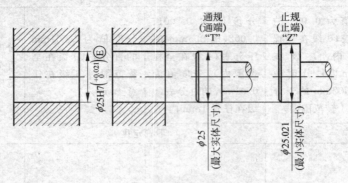

图 6.4　用塞规检验孔

同理,检验轴径的光滑极限量规,叫做环规(ring gauge)或卡规(gap gauge)。如图 6.5所示为卡规尺寸与轴径的关系。一个卡规按被测轴的最大实体尺寸(即轴的最大极限尺寸)制造;另一个卡规按被测轴的最小实体尺寸(即轴的最小极限尺寸)制造。前者叫做卡规的"通规",后者叫做卡规的"止规"。使用时,卡规的通规能顺利地滑过轴径,表示被测轴径比最大极限尺寸小。卡规的止规滑不过去,表示轴径比最小极限尺寸大。即说明被测轴的实际尺寸在规定的极限尺寸范围内,被检验轴是合格的。

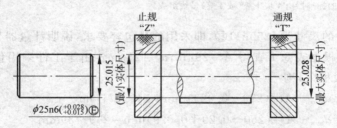

图 6.5　用环规检验轴

由此可知,不论是塞规还是卡规,如果"通规"通过被测工件,且"止端"通不过被测工件,即可确定被测工件是合格的。

根据光滑极限量规的不同用途,分为工作量规、验收量规和校对量规三类。

(1) 工作量规是工人在制造过程中,用来检验工件时使用的量规。工作量规的"通规"用代号"T"表示,"止规"用代号"Z"表示。

(2) 验收量规是检验部门和用户代表验收产品时使用的量规。

(3) 校对量规是用来检验轴用量规(卡规或环规)在制造中是否符合制造公差,在使用中是否已达到磨损极限时所用的量规。由于轴用量规是孔,不易检验,所以才设立校对量规,校对量规是轴,可以用通用量仪检验。孔用量规本身是轴,可以较方便地用通用量仪检验,所以不设校对量规。如图 6.6 所示校对量规又可分为以下三类。

① "校通—通"量规(代号"TT"),它是检验轴用工作量规通规的校对量规。检验时应通过轴用工作量规的通规,否则通规不合格。

② "校止—通"量规(代号"ZT"),它是检验轴用工作量规止规的校对量规。检验时应

通过轴用工作量规的止规,否则止规不合格。

③"校通—损"量规(代号"TS"),它是检验轴用工作量规通规是否达到磨损极限的校对量规。检验时不应通过轴用工作量规的通规,否则该通规已达到或超过磨损极限,不应再使用。

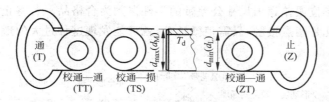

图 6.6　校对量规

GB/T 1957—2006《光滑极限量规　技术条件》没有规定验收量规标准,但标准推荐:制造厂检验工件时,生产工人应该使用新的或磨损较少的工作量规"通规";检验部门应该使用与生产工人相同型式且已磨损较多的工作量规"通规";用户代表在用量规验收工件时,通规应接近工件最大实体尺寸,止规应接近工件最小实体尺寸。

2. 泰勒原则

由于形位误差的存在,当工件实际尺寸位于极限尺寸范围内时,也可能出现装配困难的问题,且工件上各处的实际尺寸往往不相等,故用光滑极限量规检验时,为了正确地评定被测工件是否合格,是否能够正确装配,光滑极限量规应遵循泰勒原则来设计。

如图 6.7 所示,所谓泰勒原则,是指孔或轴的实际尺寸与形位误差综合形成的体外作用尺寸(D_{fe} 或 d_{fe}),不允许超出最大实体尺寸(D_M 或 d_M);在孔或轴的任何位置上的局部实际尺寸(D_a 或 d_a),不允许超出最小实体尺寸(D_L 或 d_L)。即:孔的体外作用尺寸应大于或等于孔的最小极限尺寸,并在任何位置上孔的实际尺寸应小于或等于孔的最大极限尺寸;轴的体外作用尺寸应小于或等于轴的最大极限尺寸,并在任何位置上轴的实际尺寸应大于或等于轴的最小极限尺寸。

对于孔

对于轴

$$\left. \begin{array}{l} D_{\min} = D_M \leqslant D_{fe}, \quad D_a \leqslant D_L = D_{\max} \\ d_{\max} = d_M \geqslant d_{fe}, \quad d_{\min} = d_L \leqslant d_a \end{array} \right\} \tag{6.3}$$

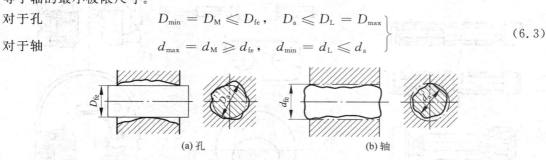

(a) 孔　　　　　　　　　(b) 轴

图 6.7　孔、轴体外作用尺寸与实际尺寸

用光滑极限量规检验工件时,符合泰勒原则的量规要求如下。

"通规"用于控制工件的体外作用尺寸,而体外作用尺寸是受零件的形位误差影响的,为了符合泰勒原则,它的测量面理论上应具有与孔或轴相应的完整表面(即全形量规),其尺寸等于孔或轴的最大实体尺寸,且量规长度等于配合长度,通规表面与被测工件应是面接触。

　　"止规"用于控制工件的实际尺寸,而实际尺寸不应受零件的形位误差影响,它的测量面理论上应为点状的(即不全形量规),其尺寸等于孔或轴的最小实体尺寸,且长度也可以短些,止规表面与被测工件是点接触。

　　如图6.8所示,当孔存在形位误差时,若将止规制成全形量规,就发现不了孔的这种形位误差,而会将因形位误差超出尺寸公差带的零件误判为合格品。若将止规制成非全形规,检验时,它与被测孔是两点接触,只需稍微转动,就可能发现这种过大的形位误差,判它为不合格品。

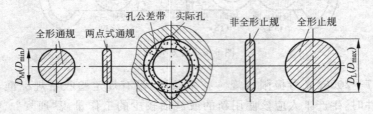

图6.8　量规形状对检验结果的影响

　　选用量规的结构型式时,必须考虑工件结构、大小、产量和检验效率等,图6.9给出了量规的形式示例。

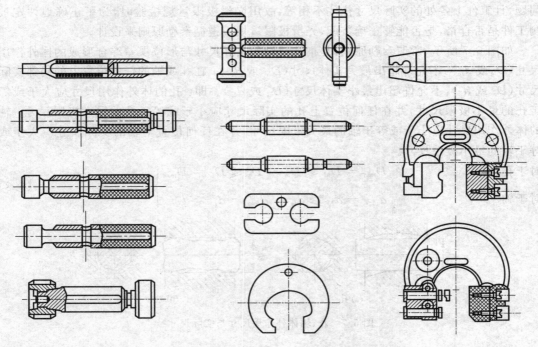

图6.9　常见量规的结构型式

　　严格遵守泰勒原则设计的量规,具有既能控制零件尺寸,同时又能控制零件形位误差的优点。但是,在量规的实际应用中,由于量规的制造和使用方便等原因,极限量规常偏离上述原则。在光滑极限量规国标中,对某些偏离作了一些规定,提出了一些要求。例如,为了用已标准化的量规,允许通规的长度小于结合长度;对于尺寸大于$\phi 100$的大孔,用全形塞规通规,既笨重又不便使用,允许用不全形塞规或球端杆规;环规通规不便于检验曲轴,允许用卡规代替。

又如"止规"也不一定是两点接触式,由于点接触容易磨损,一般常用小平面、圆柱面或球面代替点。检验小孔的塞规"止规",常用便于制造的全形塞规。刚性差的工件,由于考虑受力变形,常用全形的塞规和环规。图 6.10 为孔用和轴用量规不同尺寸段的量规型式。必须指出,使用偏离泰勒原则的量规时,应保证被检验工件的形位误差不致影响配合性质。

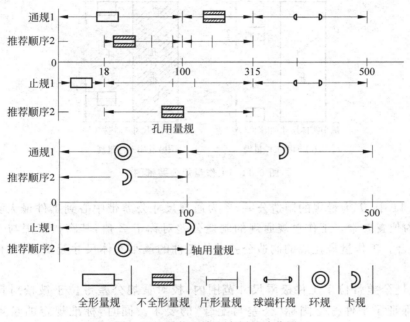

图 6.10 量规型式和应用尺寸范围

泰勒原则是设计极限量规的依据,用这种极限量规检验工件,基本上可保证工件公差与配合的要求,达到互换的目的。

3. 工作量规公差带

1) 工作量规公差带大小

量规是一种精密检验工具,制造量规和制造工件一样,不可避免地会产生误差,故必须规定制造公差。量规制造公差的大小决定了量规制造的难易程度。

工作量规"通规"工作时,要经常通过被检验工件,其工作表面不可避免地会发生磨损,为了使通规有一合理的使用寿命,除规定制造公差外,还规定了磨损极限。磨损极限的大小,决定了量规的使用寿命。对于工作量规"止规",由于不经常通过被测工作,磨损很少,故未规定磨损极限。

综上所述,工作量规通规公差由制造公差 T 和磨损公差两部分组成,而工作量规止规公差仅由制造公差 T 组成。

2) 工作量规公差带位置

　　量规的制造虽比工件精密,但也不可能做到绝对准确,而且量规在检验时要通过工件,造成磨损,这样量规的尺寸就不能完全等于工件的实体尺寸,而在一定的范围内变动。国家标准规定量规的公差带位于孔、轴的公差带内,如图 6.11 所示。通规要通过每一个合格件,磨损较多,为了延长量规的使用寿命,将通规公差带从最大实体尺寸向工件公差带内缩一个距离;而止规不应该通过工件,故将止规公差带放在工件公差带内,紧靠最小实体尺寸处。

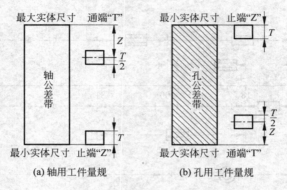

(a) 轴用工件量规　　　　　　(b) 孔用工件量规

图 6.11　工作量规公差带图

　　在图 6.11 中,T 为量规的制造公差,Z 为通规尺寸公差带中心到工件最大实体尺寸间的距离,称为位置要素。工作量规通规的制造公差对称于 Z 值,其磨损极限与工件的最大实体尺寸重合。工作量规止规的制造公差带从工件的最小实体尺寸起始,向工件公差带内分布。

　　工作量规公差带位于工件极限尺寸范围内,校对量规公差带位于被校对量规的公差带内,从而保证了工件符合国标"公差与配合"的要求。同时,标准规定的量规公差和位置要素的规律性较强,便于发展。但是,相应地缩小了工件的制造公差,给生产带来了一些困难。

　　如图 6.12 所示,校对量规的公差带分布规定如下。

　　(1) 检验轴用量规"通规"的"校通—通"量规,其代号为"TT"。它的作用是防止通规尺寸过小(制造时过小或使用中由于损伤、自然时效等变小)。检验时应通过被校对的轴用量规。这种量规的公差带,是从通规的下偏差起,向轴用量规通规公差带内分布。

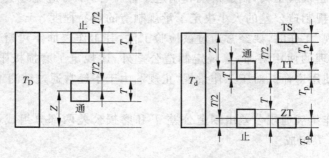

图 6.12　校对量规公差带图

（2）检验轴用量规"通规"磨损极限的"校通—损"量规，其代号为"TS"。它的作用是防止通规超出磨损极限尺寸，检验时，若通过了被校对量规，则说明被校对的量规已用到磨损极限，应予废弃。这种量规的公差带，是从通规的磨损极限起，向轴用量规公差带内分布。

（3）检验轴用量规"止规"的"校止—通"量规，其代号为"ZT"。它的作用是防止"止规"尺寸过小，检验时应通过被校对的轴用量规。这种量规的公差带，是从"止规"的下偏差起，向轴用量规止规公差带内分布。

通常情况下，测量极限误差可占被测工件公差的 $1/10 \sim 1/6$。对于标准公差等级相同而基本尺寸不同的工件，这个比值大致相同。随着工件公差等级的降低，这个比值逐渐减小。量规尺寸公差带的大小和位置就是按照这一原则规定的。通规和止规尺寸公差和磨损储量的总和占被测工件公差（标准公差 IT）的百分比如表 6.6 所示。

表 6.6　量规尺寸公差和磨损储量的总和占被测工件公差的百分比

被测孔或轴的标准公差等级	IT6	IT7	IT8	IT19	IT10	IT11	IT12	IT13	IT14	IT15	IT16
T	公比 1.25						公比 1.5				
	$T_0 = 15\%$IT6	$1.25T_0$	$1.6T_0$	$2T_0$	$2.5T_0$	$3.15T_0$	$4T_0$	$6T_0$	$9T_0$	$13.5T_0$	$20T_0$
Z	公比 1.40						公比 1.5				
	$Z_0 = 17.5\%$IT6	$1.4Z_0$	$2Z_0$	$2.8Z_0$	$4Z_0$	$5.6Z_0$	$8Z_0$	$12Z_0$	$18Z_0$	$27Z_0$	$40Z_0$

GB/T 1957—2006 规定了基本尺寸至 500mm、公差等级 IT6～IT14 的孔和轴所用的工作量规的制造公差 T 和通规位置要素 Z 值，列于表 6.7 中。

3）工作量规的形状和位置公差

量规的形状和位置误差与量规尺寸公差之间的关系，应遵守包容原则。国家标准规定工作量规的形状和位置误差，应在工作量规制造公差范围内。其公差为量规制造公差的 50%。当量规制造公差小于或等于 0.002mm 时，其形状和位置公差为 0.001mm。

校对量规的制造公差为被校对的轴用量规制造公差的 50%。由于校对量规精度高，制造困难，而目前测量技术水平也有提高，因此，在生产中正逐步用量块或计量仪器代替校对量规。其形状公差应在校对量规制造公差范围内。

4）工作量规的技术要求

量规测量面的材料，可用淬硬钢（合金工具钢、碳素工具钢、渗碳钢）和硬质合金等材料制造，也可在测量面上镀以厚度大于磨损量的镀铬层、氮化层等耐磨材料。

量规测量面的硬度，对量规使用寿命有一定影响，通常用淬硬钢制造的量规，其测量面的硬度应为 58～65HRC。

量规测量面的表面粗糙度，取决于被检验工件的基本尺寸、公差等级以及量规的制造工艺水平。量规表面粗糙度数值的大小，随上述因素和量规结构形式的变化而异，一般不低于光滑极限量规国标推荐的表面粗糙度数值，根据工件尺寸公差的高低和基本尺寸的大小，工作量规测量面的表面粗糙度参数 Ra 通常为 $0.025 \sim 0.4\mu m$，具体数值如表 6.8 所示。

表 6.7　IT6～IT14 级工作量规制造公差和通规位置要素值(摘自 GB/T 1957—2006)

μm

工件基本尺寸 D/mm	IT6			IT7			IT8			IT9			IT10			IT11			IT12			IT13			IT14		
	IT6	T	Z	IT7	T	Z	IT8	T	Z	IT9	T	Z	IT10	T	Z	IT11	T	Z	IT12	T	Z	IT13	T	Z	IT14	T	Z
≤3	6	1	1	10	1.2	1.6	14	1.6	2	25	2	3	40	2.4	4	60	3	6	100	4	9	140	6	14	250	9	20
>3～6	8	1.2	1.4	12	1.4	2	18	2	2.6	30	2.4	4	48	3	5	75	4	8	120	5	11	180	7	16	300	11	25
>6～10	9	1.4	1.6	15	1.8	2.4	22	2.4	3.2	36	2.8	5	58	3.6	6	90	5	9	150	6	13	220	8	20	360	13	30
>10～18	11	1.6	2	18	2	2.8	27	2.8	4	43	3.4	6	70	4	8	110	6	11	180	7	15	270	10	24	430	15	35
>18～30	13	2	2.4	21	2.4	3.4	33	3.4	5	52	4	7	84	5	9	130	7	13	210	8	18	330	12	28	520	18	40
>30～50	16	2.4	2.8	25	3	4	39	4	6	62	5	8	100	6	11	160	8	16	250	10	22	390	14	34	620	22	50
>50～80	19	2.8	3.4	30	3.6	4.6	46	4.6	7	74	6	9	120	7	13	190	9	19	300	12	26	460	16	40	740	26	60
>80～120	22	3.2	3.8	35	4.2	5.4	54	5.4	8	87	7	10	140	8	15	220	10	22	350	14	30	540	20	46	870	30	70
>120～180	25	3.8	4.4	40	4.8	6	63	6	9	100	8	12	160	9	18	250	12	25	400	16	35	630	22	52	1000	35	80
>180～250	29	4.4	5	46	5.4	7	72	7	10	115	9	14	185	10	20	290	14	29	460	18	40	720	26	60	1150	40	90
>250～315	32	4.8	5.6	52	6	8	81	8	11	130	10	16	210	12	22	320	16	32	520	20	45	810	28	66	1300	45	100
>315～400	36	5.4	6.2	57	7	9	89	9	12	140	11	18	230	14	25	360	18	36	570	22	50	890	32	74	1400	50	110
>400～500	40	6	7	63	8	10	97	10	14	155	12	20	250	16	28	400	20	40	630	24	55	970	36	80	1550	55	120

表 6.8　量规测量面的表面粗糙度 Ra 值

工作量规	工件基本尺寸/mm		
	至 120	>120~315	>315~500
	表面粗糙度 Ra(不大于)/μm		
IT6 级孔用量规	0.05	0.1	0.2
IT6~IT9 级轴用量规	0.1	0.2	0.4
IT7~IT9 级孔用量规			
IT10~IT12 级孔、轴用量规	0.2	0.4	0.8
IT13~IT16 级孔、轴用量规	0.4	0.8	0.8

注：校对量规测量面的表面粗糙度数值比被校对的轴用量规测量面的粗糙度数值略小些。

4. 工作量规设计示例

1) 量规的结构型式

检验光滑工件的光滑极限量规，其结构型式很多，合理地选择和使用，对正确判断检验结果影响很大，如图 6.9 和图 6.10 所示列出了国家标准推荐的常用量规的结构型式及其应用的尺寸范围，供选择量规结构形式时参考。

2) 设计步骤

工作量规尺寸的计算步骤如下。

(1) 查出被检验工件的极限偏差。

(2) 查出工作量规的制造公差 T 和位置要素 Z 值。

(3) 确定校对量规的制造公差 T_p。

(4) 画量规公差带图，计算和标注各种量规的工作尺寸。

3) 设计示例

例 6.2　设计检验 $\phi25H8/f7$Ⓔ孔和轴用工作量规。

解：(1) 由 GB/T 1800.2—2009《极限与配合》标准表中查出孔与轴的上、下偏差为

$$\phi25H8: ES= +0.033mm, \quad EI=0$$
$$\phi25f7: es= -0.020mm, \quad ei=-0.041mm$$

(2) 由表 6.7 查出 T 和 Z 的值，确定工作量规的形状公差和校对量规的尺寸公差。

塞规制造公差：$T=0.0034mm$

塞规位置要素值：$Z=0.005mm$

塞规形状公差：$T/2=0.0017mm$

卡规制造公差：$T=0.0024mm$

卡规位置要素值：$Z=0.0034mm$

卡规形状公差：$T/2=0.0012mm$

校对量规尺寸公差：$T_p=T/2=0.0012mm$

(3) 画出零件和量规公差带图，如图 6.13 所示。

(4) 计算各种量规的极限偏差和工作尺寸。

$\phi25H8$ 孔用塞规

通规(T)：

上偏差 $= EI+Z+T/2 = (0+0.005+0.0017)mm =+0.0067mm$

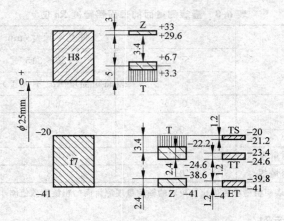

图 6.13　$\phi 25\text{H}8/\text{f}7$ 量规公差带图(单位：μm)

下偏差 $= \text{EI} + Z - T/2 = (0 + 0.005 - 0.0017)\text{mm} = +0.0033\text{mm}$

所以孔用塞规的通规尺寸为 $\phi 25^{+0.0067}_{+0.0033}\text{mm}$。

止规(Z)：

上偏差 $= \text{ES} = +0.033\text{mm}$

下偏差 $= \text{ES} - T = (+0.033 - 0.0034)\text{mm} = +0.0296\text{mm}$

所以孔用塞规的止规尺寸为 $\phi 25^{+0.033}_{+0.0296}\text{mm}$。

$\phi 25\text{f}7$ 轴用卡规

通规(T)：

上偏差 $= \text{es} - Z + T/2 = (-0.020 - 0.0034 + 0.0012)\text{mm} = -0.0222\text{mm}$

下偏差 $= \text{es} - Z - T/2 = (-0.020 - 0.0034 - 0.0012)\text{mm} = -0.0246\text{mm}$

所以轴用卡规的通规尺寸为 $\phi 25^{-0.0222}_{-0.0246}\text{mm}$。

止规(Z)：

上偏差 $= \text{ei} + T = (-0.041 + 0.0024)\text{mm} = -0.0386\text{mm}$

下偏差 $= \text{ei} = -0.041\text{mm}$

所以轴用卡规的止规尺寸为 $\phi 25^{-0.0386}_{-0.041}\text{mm}$。

轴用卡规的校对量规：

"校通-通"量规(TT)：

上偏差 $= \text{es} - Z - T/2 + T_\text{p} = (-0.020 - 0.0034 - 0.0012 + 0.0012)\text{mm} = -0.0234\text{mm}$

下偏差 $= \text{es} - Z - T_\text{p} = (-0.020 - 0.0034 - 0.0012)\text{mm} = -0.0246\text{mm}$

"校通-通"量规(TT)尺寸为 $\phi 25^{-0.0234}_{-0.0246}\text{mm}$。

"校通-损"量规(TS)

上偏差 $= \text{es} = -0.020\text{mm}$

下偏差 $= \text{es} - T_\text{p} = (-0.020 - 0.0012)\text{mm} = -0.0212\text{mm}$

"校通-损"量规(TS)尺寸为 $\phi 25^{-0.020}_{-0.0212}\text{mm}$。

"校止-通"量规(ZT)

上偏差 $= \text{ei} + T_\text{p} = (-0.041 + 0.0012)\text{mm} = -0.0398\text{mm}$

下偏差 $= \text{ei} = -0.041\text{mm}$

"校止-通"量规（ZT）尺寸为$\phi 25^{-0.0398}_{-0.041}$。

（5）工作量规尺寸标注如图 6.14 所示。

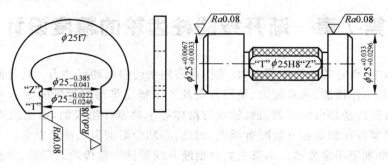

图 6.14　工作量规工作简图

习　题

6.1　已知某轴尺寸为$\phi 20 f10 Ⓔ$，试选择计量器具并确定验收极限。

6.2　试计算$\phi 50 H7/e6$配合的孔、轴工作量规的极限偏差，并画出工作量规的公差带图。

第7章　渐开线圆柱齿轮的精度设计

机械产品中,齿轮传动的应用极为广泛,通常用来传递运动或动力。凡是使用齿轮传动的机器产品,其工作性能、承载能力、使用寿命及工作精度等都与齿轮的制造和装配精度有密切关系。齿轮传动是由齿轮副、轴、轴承与箱体等主要零件组成的,由于组成齿轮传功装置的这些主要零件在制造和安装时有误差,因此,必然会影响齿轮传动质量。为了保证齿轮传动质量,就要规定相应公差。本章主要介绍渐开线圆柱齿轮传动的误差、测量方法和有关的公差标准,主要涉及以下标准的有关内容:

GB/T 1357—2008　通用机械和重型机械用圆柱齿轮　模数

GB/T 1356—2001　通用机械和重型机械用圆柱　齿轮　标准基本齿条齿廓

GB/Z 18620.1—2008　圆柱齿轮　检验实施规范　第1部分　轮齿同侧齿面的检验

GB/Z 18620.2—2008　圆柱齿轮　检验实施规范　第2部分　径向综合偏差、径向跳动、齿厚和侧隙的检验

GB/Z 18620.3—2008　圆柱齿轮　检验实施规范　第3部分　齿轮坯、轴中心距和轴线平行度的检验

GB/Z 18620.4—2008　圆柱齿轮　检验实施规范　第4部分　表面结构和轮齿接触斑点的检验

GB/T 10095.1—2008　圆柱齿轮　精度制　第1部分　轮齿同侧齿面偏差的定义和允许值

GB/T 10095.2—2008　圆柱齿轮　精度制　第2部分　径向综合偏差与径向跳动的定义和允许值

7.1　齿轮传动及其使用要求

公元前400—前200年,人类就开始使用齿轮。我国在两千多年前的汉代就已经在翻水车中使用直线齿廓的齿轮了。直线齿廓影响齿轮传动的平稳性,且轮齿抗破坏能力很差。1674年,丹麦天文学家 Olaf Roemer 提出用外摆线作齿轮齿廓,至今钟表齿轮都是以外摆线作为齿廓的。1754年,瑞士数学家 Leonhard Euler 提出用渐开线作为齿廓,但由于制造工艺上的原因,一直没有实现。渐开线齿廓的切制始于19世纪末和20世纪初,是随着毛纺工业、造船工业、汽车工业发展而来的。现在,齿轮传动是机械及仪表中最常用的传动形式之一,主要用于按给定角速比传递回转运动及转矩的场合。齿轮传动的主要优点有:①使用的圆周速度、功率范围广;②传动比准确;③机械效率高;④工作可靠,寿命长;⑤可实现空间任意两轴间的运动和动力传递;⑥结构紧凑。其主要缺点为:①制造、安装精度要求高,因而成本较高;②低精度齿轮传动时噪声和振动较大;③不宜做远距离传动。因此,现代工业中的各种机器和仪器对齿轮传动提出了多方面的要求,归纳起来主要有下面4点。

1. 传递运动准确性

要求从动轮与主动轮运动协调,为此应限制齿轮在一转内传动比的不均匀。由前述介绍知道,齿廓为渐开线的齿轮在传递运动时可保持恒定的传动比。但由于各种加工误差的影响,加工后得到的齿轮,其齿廓相对于旋转中心分布不均,且渐开线也不是理论的渐开线,在齿轮传动中必然引起传动比的变动。传动比的变动程度通过转角误差的大小来反映。正确传动的齿轮是:主动齿轮转过一个角度 φ_1,从动齿轮应按理论传动比 $i = z_2 / z_1$,相应地转过一个角度 $\varphi_2 = \varphi_1 / i$。但在实际齿轮的传动中,由于齿轮本身误差的影响,使得从动轮的实际转角 $\varphi_2' \neq \varphi_2$,产生转角误差 $\Delta\varphi = \varphi_2' - \varphi_2$,它是转角的函数,实际传动比 $i' = \dfrac{\varphi_1}{\varphi_2 + \Delta\varphi} \neq i$。例如,如图 7.1 所示的一对齿数相同的齿轮,若主动轮为理想齿轮,而从动轮为具有齿距分布不均等误差的齿轮,则虚线为从动轮的理论齿廓,实线为从动轮的实际齿廓。理论的传动比为 $i = 1$,在齿轮传动的过程中,当主动轮转过 180°时,从动轮理应转过 180°,但对于第 3齿到第 7 齿,从动轮只转过 179°53′,产生转角误差 $\Delta\varphi = 7'$,传动比 $i' = 180°/179°53' \neq 1$。在齿轮传动的一转范围内,从动齿轮必然会产生较大的转角误差,它的大小反映了齿轮传动比的变动,亦即反映齿轮在一转范围内传递转角的准确程度。对于在一转内要求保持传动比相对恒定的齿轮,应提出准确性的要求。

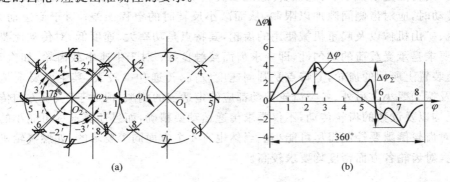

图 7.1 齿轮转角误差

2. 传动平稳性

渐开线齿轮的传动比,不但要求在传动的全过程中保持恒定,而且在任何瞬时都要保持恒定。一对理想渐开线齿轮的传动可以达到这一点,但实际齿轮由于受齿形误差、齿距误差等影响,传动比在任何时刻都不会恒定,即使转过很小的角度都会引起转角误差,在齿轮传动的过程中,瞬时传动比的变化是噪声、冲击、振动的根源,使齿轮传动不平稳,必须加以限制。通常所说的齿轮传动平稳性要求,是指齿轮在转过一齿或一齿距角内的最大转角误差应不超过一定的限度,以此控制瞬时传动比变动。

3. 载荷分布均匀性

要求啮合轮齿齿宽均匀接触,在传递载荷时不致因接触不均匀使局部接触应力过大而导致过早磨损。但由于受各种误差的影响,工作齿面不可能全部均匀接触,如图 7.2 所示。若接触面积过小,则该部分齿面承受载荷过大,产生应力集中,造成局部磨损或点蚀,影响齿轮的寿命。因此,为了保证齿轮能正常传递载荷,对齿轮传动的工作齿面的接触面积应有一定限制,这就是齿轮载荷分布的均匀性要求。

4. 齿轮副侧隙合理性

如图 7.3 所示,传动侧隙是指齿轮在运转过程中,主、从动齿轮的非工作齿面间所形成的间隙。齿轮传动一般需要具有侧隙,一方面是为齿面润滑需要,要求齿面上形成一定厚度的油膜,另一方面为补偿制造误差、装配误差、热膨胀的影响,以及为受力后的弹性变形等预留空间,否则齿轮传动过程中可能出现轮齿卡死和烧伤。

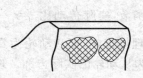

图 7.2　接触面积

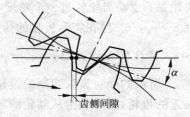

图 7.3　齿轮侧隙

齿轮在设计制造中,一般都应提出上述 4 个方面的要求,但由于用途及其工作条件的不同,侧重点不同,合理确定齿轮的精度和侧隙要求是设计的关键。例如,用于分度和读数的齿轮传动,其特点是模数小、转速低、传递运动要精确,主要要求是传递运动的准确性,当需要可逆传动时,应对齿侧间隙加以限制,从而减小反转时的空程误差;对于低速动力齿轮,如轧钢机、矿山机械以及起重机械使用的齿轮,其特点是功率大、速度低,对传动比要求并不高,主要要求是承受载荷的均匀性,即要求齿面接触良好;对于中速中载齿轮,如汽车、拖拉机等变速装置上所用的齿轮,其特点是圆周速度较高,传递功率较大,其主要要求是传动平稳,噪声及振动要小。另外,各类齿轮传动都应给定适当的侧隙,但对于正、反方向传递运动的齿轮机构以及读数的齿轮传动,不仅要求传递运动要精确,而且还要求尽可能小的空回误差,因此对齿轮侧隙要控制得尽可能小。当然也有 4 个方面同等要求的,如燃气轮机等高速重载齿轮,对齿轮各方面精度均要求较高。

7.2　齿轮的加工误差

1. 加工误差的主要来源

在机械制造中,齿轮的加工方法很多,如冲压加工齿轮,拉刀拉齿,铣刀铣齿,插刀插齿,滚刀滚齿,磨削齿轮等。尽管齿轮加工方法多种多样,但是齿轮的加工误差主要来源于机床、刀具、夹具和齿坯本身的误差,以及安装和调整误差等。由于齿形比较复杂,而影响齿轮加工误差的工艺因素比较多,对齿轮加工误差的规律性及对传动性能影响的研究,至今还在进行中。现以滚齿加工为例分析产生齿轮加工误差的主要原因。如图 7.4 所示为滚齿机滚切加工齿轮的情形。

1) 几何偏心

按范成法加工齿轮,其轮齿的形成是滚刀对齿坯周期性地连续滚切的结果,犹如齿条与齿轮的啮合运动,加工过程中把多余的材料去除,当齿坯定位孔与心轴外圆之间存在间隙,即图 7.4(a)中齿坯定位孔的轴心线 O_1O_1 与机床工作台的回转轴心线 OO 不重合,产生偏心 e_1,通常把它叫做几何偏心。由于这种偏心的存在,使实际齿轮顶圆各处到心轴中心(亦即加工时的回转中心)的距离不相等,从而造成加工后的齿轮一边齿长,另一边齿短(见图 7.5)。这实质上是使齿轮基圆产生了偏心,齿廓位置的几何中心产生了径向位移,从而使得齿轮的齿距、齿厚和齿高不均匀。这样的齿轮按齿坯孔的中心线旋转时,将使输出不匀速。当以齿轮基准孔中心 O_1 定位进行测量时,在齿轮一转内产生周期性的齿圈径向跳动误差,同时齿距和齿厚也产生周期性变化。

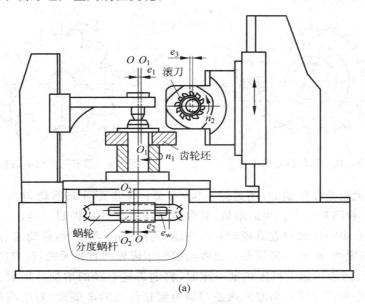

(a)

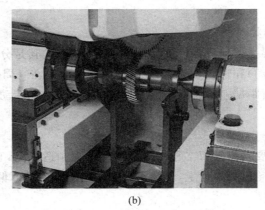

(b)

图 7.4　滚齿机滚切轮齿

2) 运动偏心

除几何偏心引起的齿距分布不均匀外,还有运动偏心的影响。滚齿加工时齿轮毛坯的旋转运动是靠主轴中的蜗轮、蜗杆传动实现的,由于滚齿机分度蜗杆加工误差,分度蜗杆轴线 O_2O_2 与工作台旋转轴线 OO 有安装偏心,产生了运动偏心 e_2。运动偏心使齿坯相对于滚刀的转速不均匀而使被加工齿轮各齿廓产生切向错移。加工齿轮时,蜗轮蜗杆中心距周期性变化,相当于蜗轮的节圆半径在变化,而蜗杆的线速度是恒定不变的,则在蜗轮(齿坯)一转内,蜗轮转速必然呈周期性变化,如图 7.6 所示。当角速度由 ω 增加列 $\omega+\Delta\omega$ 时,使齿轮齿距和公法线都变长;当角速度由 ω 减少到 $\omega - \Delta\omega$ 时,切齿滞后使齿轮齿距和公法线都变短,使齿轮产生切向周期性变化的切向误差。即使齿坯安装无偏心,这一转角误差也会使完工齿轮齿距不均匀,这种齿轮从外观上看,齿圈与齿轮孔无偏心现象(即齿高都相同),但与有偏心时产生的效果相同,故可说其是运动偏心。其实主轴传动蜗轮的安装偏心正是产生齿轮切向误差的主要原因之一。

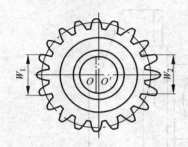 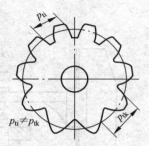

图 7.5　具有几何偏心的齿轮　　　　图 7.6　具有运动偏心的齿轮

　　综上所述,无论是几何偏心,还是运动偏心,都将使齿距分布不均匀,产生齿距累积误差。这是两种影响因素综合作用的结果,其数值可通过统计法得到。但这二者影响趋势是不同的,几何偏心影响齿廓位置沿径向方向变动,故称径向误差;而运动偏心是使齿廓位置沿圆周切线方向变动,故称切向误差。前者与被加工齿轮的直径无关,仅取决于安装误差的大小;对于后者,当齿轮加工机床精度一定时,将随齿坯直径的增加而增大。由此,齿轮加工中,由几何偏心和运动偏心引起的误差都影响齿轮传动的准确性,对于高速齿轮传动,也会影响到工作平稳性。

　　3) 机床传动链的高频误差

　　加工直齿轮时,主要受传动链各传动元件误差的影响,尤其是分度蜗杆的安装偏心(它引起分度蜗杆的径向跳动)和轴向窜动的影响,使蜗轮(齿坯)在一周范围内转速出现多次变化,加工出的齿轮产生齿距偏差和齿形误差。加工斜齿轮时,除传动链误差外,还有差动链误差的影响。

　　4) 滚刀的加工误差

　　滚刀的加工误差主要是指滚刀本身的基节和齿形等制造误差,它们都会在加工齿轮过程中被反映到被加工齿轮的每一齿上,使加工出来的齿轮产生基节偏差和齿形误差。

　　5) 滚刀的安装误差

　　滚刀偏心使被加工齿轮产生径向误差。滚刀刀架导轨或齿坯轴线相对于工作台旋转轴线的倾斜及轴向窜动,使滚刀的进刀方向与轮齿的理论方向不一致,直接造成齿面沿齿长方向(轴向)歪斜,产生齿向误差,齿向误差主要影响载荷分布的均匀性。

　　综上所述,各种误差对齿轮工作质量的影响如表 7.1 所示。

　　2.　齿轮加工误差的分类

　　齿轮加工工艺系统中的机床、刀具、齿坯的制造和安装等多种误差要素,致使实际加工后的齿轮存在各种形式的加工误差。为了便于分析齿轮的各种制造误差对齿轮传动质量的影响,按误差相对于齿轮的方向特征,可将齿轮的加工误差分为径向误差、切向误差和轴向误差。

表 7.1　影响齿轮工作质量的基本误差

误差分类		误差特性	对传动性能的影响	限制措施
加工误差	轮齿误差	以齿轮一转为周期的齿距误差	影响速比：传递运动准确性	限制一转范围内全部转角误差
		齿轮一转内，多次周期的、重复出现的齿距和齿形误差	传动平稳性、振动和噪声	限制一齿距角范围内全部转角误差
		齿向误差	载荷分布的均匀性	限制齿轮的接触斑点
		齿厚的尺寸误差	侧隙大小	齿厚极限偏差
	齿坯误差	基准孔(或轴)尺寸误差、基准面的形位误差和表面粗糙度	影响齿圈精度	齿坯公差
安装误差		齿轮副轴线间位置误差 齿轮副中心距误差	载荷分布均匀性与侧隙的大小	箱体孔轴平行度公差及中心距极限偏差

　　还可以按照刀具的进给方向，分为轴向进给误差(即来自机床的误差，是由机床竖导轨与机床工作台轴心线不平行引起的，它将产生齿向误差)和径向进给误差(由刀具进刀量控制，它将影响齿轮齿厚大小，即影响齿轮副侧隙量的变化)。

　　由于齿廓的形成是滚刀对齿坯周期地连续滚切的结果，因此，加工误差具有周期性的特点。几何偏心和运动偏心所产生的齿轮加工误差是以齿轮一转为周期，因此称为长周期误差；机床传动链的高频误差、滚刀的加工误差和安装误差是以分度蜗杆一转或齿轮一齿为周期的，而且频率较高，在齿轮一转中多次重复出现，故称为短周期误差(或高频误差)。

　　当齿轮只有长周期误差时，其误差曲线如图 7.7(a)所示，将产生不均匀运动，是影响齿轮运动准确性的主要误差；但在低速情况下，其传动还是比较平稳的。当齿轮只有短周期误差时，其误差曲线如图 7.7(b)所示，这种在齿轮一转中多次重复出现的高频误差将引起齿轮瞬时传动比的变化，使齿轮传动不平稳。在高速运转中，将产生冲击、振动和噪声。因而，对这类误差必须加以控制，实际上，齿轮传动误差是一条复杂周期函数曲线，如图 7.7(c)所示，它既包含短周期误差也包含长周期误差。

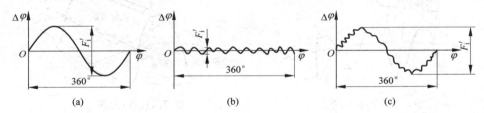

图 7.7　齿轮的周期性误差

　　齿轮加工是一个十分复杂的工艺过程，产生齿轮加工误差的因素很多，概括而论，由加工引起的齿轮误差可分为以下 4 类。

　　1) 齿形误差

　　齿形误差是指加工出来的齿廓相对于工件的旋转中心分布不均，与理论渐开线齿形的偏离程度。如图 7.8 所示，齿轮存在齿形误差时，加工出来的齿廓不是理论的渐开线，图中虚线部分为轮齿理论齿形，实线部分为实际齿形。产生齿形误差主要是由于刀具本身刀刃轮廓的误差、齿形角的偏差、滚刀的

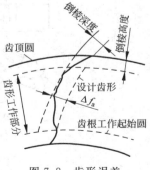

图 7.8　齿形误差

轴向窜动和径向跳动、齿坯的径向跳动以及在每转一齿距角内转速不均等误差引起。齿形误差主要有出棱、不对称、齿形角误差、周期误差和根切几种形式(见图 7.9)。

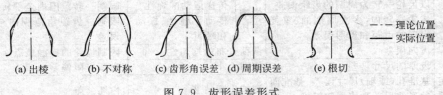

| (a) 出棱 | (b) 不对称 | (c) 齿形角误差 | (d) 周期误差 | (e) 根切 |

--- 理论位置
—— 实际位置

图 7.9　齿形误差形式

2) 齿距误差

如图 7.10 所示,齿距误差是指加工所得的实际齿廓相对于齿轮旋转中心的切向齿距分布不均匀的程度,产生以 2π 为周期的切向齿距误差。产生齿距误差主要是由于齿坯安装时的几何偏心、蜗轮齿廓本身分布不均及运动偏心等误差引起。

3) 齿向误差

如图 7.11 所示,齿向误差是指加工后的齿面沿基准轴线方向上的形状和位置误差。产生齿向误差主要是由于刀具进给运动的方向歪斜及齿坯安装偏斜等误差引起。图 7.12(a) 为刀架导轨径向倾斜产生的齿向误差,图 7.12(b) 为刀架导轨切向倾斜产生的齿向误差,图 7.12(c) 为齿坯基准端面跳动误差而产生的齿向误差。图 7.13 为两种常规的齿轮齿向修形方法而产生的齿向误差,即鼓形齿和两端修薄齿,这两种齿向误差对于提高齿轮传动平稳性和接触精度十分有益。图中线 1 表示实际齿线,线 2 表示设计齿线,符号 Δ_1 表示齿轮的鼓形量,符号 Δ_2 表示齿端修薄量,符号 b 表示齿轮齿宽。

图 7.10　齿距误差　　　　图 7.11　齿向误差

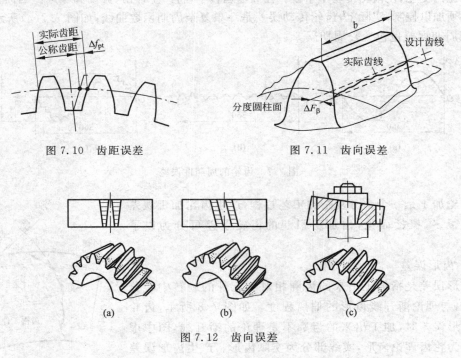

| (a) | (b) | (c) |

图 7.12　齿向误差

4) 齿厚误差

如图 7.14 所示,齿厚误差是指加工出来的齿轮齿厚在整个齿圈范围内不一致的程度。产生齿厚误差主要是由于刀具铲形面对齿坯中心的位置误差以及齿廓的分布不均引起的。

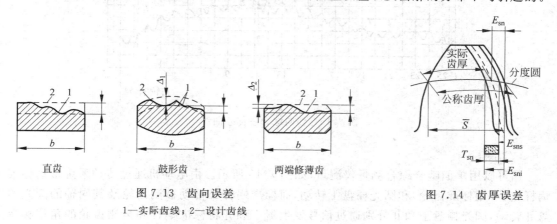

图 7.13 齿向误差
1—实际齿线;2—设计齿线

图 7.14 齿厚误差

7.3 单个齿轮精度的评定指标及检测

单个齿轮是一个复杂的几何体,加工后会产生上述 4 类误差,使得齿轮的各设计参数发生变化,影响传动质量,因此,可以考虑规定能反映加工误差的齿轮误差参数作为评定指标。当然,所规定的评定指标应是便于检测的。另一方面,齿轮又是一个传动件,齿轮的传动质量最终应体现在其工作状态上。因此,也可以规定能直接反映齿轮传动使用要求的齿轮副误差作为评定指标。

在齿轮标准中,齿轮误差和偏差统称为齿轮偏差,将偏差与公差共用一个符号表示,例如,F_α 既表示齿廓总偏差,又表示齿廓总公差。单项要素测量所用的偏差符号用小写字母(如 f)加上相应的下标组成;而表示若干单项要素偏差组成的"累积"或"总"偏差所用的符号,采用大写字母(如 F)加上相应的下标表示。

1. 传递运动准确性的评定指标及检测

根据 GB/Z 18620—2008《圆柱齿柱检验实施规范》、GB/T 10095.1—2008《渐开线圆柱齿轮 精度 第 1 部分:轮齿同侧齿面偏差的定义和允许值》、GB/T 10095.2—2008《渐开线圆柱齿轮 精度 第 2 部分:径向综合偏差与径向跳动的定义和允许值》规定,在齿轮传动中,影响运动准确性的误差项目共有 5 项。

1) 切向综合总偏差 F_i'

(1) 定义

切向综合总偏差(tangential composite deviation)F_i' 是指被测齿轮与标准齿轮单面啮合检验时,被测齿轮一转内,齿轮分度圆上实际转角与理论转角的最大差值,如图 7.15 所示,以分度圆弧长计值。F_i' 反映了齿轮的运动误差,它说明齿轮的运动是不均匀的,在一转过程中其速度忽快忽慢,周期性地变化。F_i' 产生的原因包括:①几何偏心;②运动偏心;③各种短周期误差的综合影响。

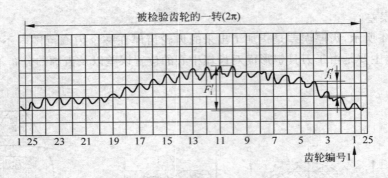

图 7.15　切向综合总偏差曲线

（2）测量

F_i' 可以用单面啮合综合测量仪测量，如图 7.16 所示。由电动机通过传动系统带动标准蜗杆（也可用标准齿轮）和圆光栅盘Ⅰ转动，而标准蜗杆又带动被测齿轮及其同轴的圆光栅盘Ⅱ转动，圆光栅盘Ⅰ和Ⅱ分别通过信号发生器Ⅰ和Ⅱ将标准蜗杆和被测齿轮的角位移变成电信号 f_1 和 f_2，并根据标准蜗杆头数 k 及被测齿轮的齿数 z，通过分频器进行分频，使两个圆光栅盘发出的脉冲信号变成同频信号，将这两列同频信号输入比相计进行比较。当被测齿轮有误差时，将引起被测齿轮回转角误差，此微小的回转角误差将变为两列电信号的相位差。经比相计输出，通过记录器将此误差记录在与被测齿轮同步旋转的圆形记录纸上，或记录在与被测齿轮分度圆切线方向同步移动的长记录纸上，得出被测齿轮的 F_i' 曲线，如图 7.17 所示，其中图 7.17(a)为用长记录纸记录的 F_i' 曲线，图 7.17(b)为用圆形记录纸记录的 F_i' 曲线。

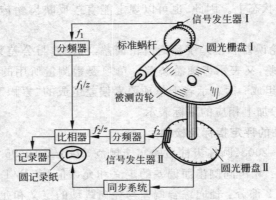

图 7.16　光栅式单面啮合综合测量仪原理图

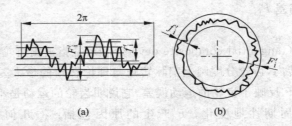

图 7.17　切向综合误差曲线

　　单面啮合综合测量仪的主要优点是：①测量切向综合误差时，被测齿轮近似于工作状态，测得的 F_i' 反映了齿轮各种误差的综合作用，因而 F_i' 是评定齿轮传递运动准确性较为完善的指标，反映了齿轮总的使用质量，因而更接近于实际使用情况；② F_i' 反映的是各单项误差综合的影响，由于各单项误差在综合测量时可能相互抵消，从而避免了把一些合格产品当作废品的可能性；③容易实现测量的机械化和自动化，测量效率高。其主要缺点是：制造精度要求很高，价格成本比较高。

　　2）齿距累积总偏差 F_p 与 k 个齿距累积偏差 F_{pk}

　　（1）定义

　　齿距累积总偏差（total accumulative pitch deviation）F_p 是指在齿轮同侧齿面任意弧段（$k=1\sim k=z$）内的最大齿距累积偏差，它表示齿距累积偏差曲线的总幅值，如图 7.18 所示。

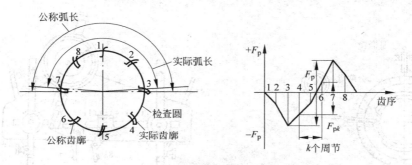

图 7.18　齿距累积总偏差与 k 个齿距累积偏差

　　对某些齿数较多的齿轮来说，为了控制齿轮的局部累积偏差和提高测量效率，可以测量 k 个齿距累积偏差 F_{pk}。F_{pk} 是指任意 k 个齿距的实际弧长与理论弧长的代数差，如图 7.19 所示。理论上它等于这 k 个齿距的单个齿距偏差的代数和。除另有规定外，F_{pk} 值被限定在不大于 $1/8$ 的圆周上评定，因此，F_{pk} 的允许值适用于齿距数 k 为 2 到小于 $z/8$ 的整数（z 为齿轮的齿数）。通常，测量时，F_{pk} 取测量齿数 $k=z/8$ 就足够了。

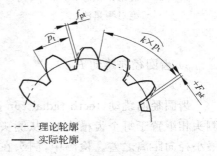

图 7.19　单个齿距偏差与
齿距累积偏差

　　（2）$F_p(F_{pk})$ 产生的原因

　　$F_p(F_{pk})$ 主要是由滚切齿形过程中的几何偏心（$e_{几}$）和运动偏心（$e_{运}$）所造成的。$e_{几}$ 和 $e_{运}$ 都是近似按正弦规律变化，在误差合成过程中由于两者初相角的差异可能相互叠加，也可能相互抵消。所以 $F_p(F_{pk})$ 能较好地综合反映齿轮误差。但由于测量时是沿所取分度圆圆周上若干齿（一般与齿数 z 相等）测量的，测得结果为一折线，故 $F_p(F_{pk})$ 只能说明有限点的运动误差情况，而不能反映两点之间传动比变化，所以它近似地反映齿轮运动误差。

　　F_i' 和 $F_p(F_{pk})$ 均能较全面地反映齿轮一转的转角误差，是评价齿轮运动精度高低的综合性评定指标，但两者又有差别，F_p（或 F_{pk}）不如 F_i' 反映全面。

　　（3）F_p 的测量

　　F_p 的测量方法通常有相对测量法和绝对测量法两种，其中以相对测量法应用最广。如

图 7.20 所示,绝对测量法是利用一个精密分度装置和定位装置准确控制被测齿轮,每次转过一个或 k 个齿距角,测量其实际转角与理想转角的差(以测量圆弧长计),即可测得齿距累积总偏差(F_p)和 k 个齿距累积偏差(F_{pk})。相对测量法一般使用双测头测量仪器。所谓双测头是指一个为活动测量头,另一个为固定测量头,但也可以两个均为活动测量头。如图 7.21 所示,测量仪器上有三个定位爪,用以支承仪器,测量时调整定位爪的相对位置,使测量头能在分度圆附近与齿面接触。两测量头中一个是可调整位置(按被测齿轮模数)的固定测头,另一个是与千分表相连的活动测头。测量前将仪器调整零位然后逐齿测量,测量时双手轻轻地推动仪器,当定位爪定好位,两测量头与齿面接触后,即可从千分表读取其余各齿距相对于基准的偏差,最后通过数据处理求出齿距累积总偏差 F_p 和 k 个齿距累积偏差 F_{pk}。

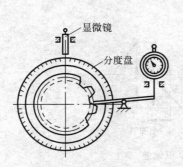

图 7.20　齿距累积总偏差的
绝对测量法

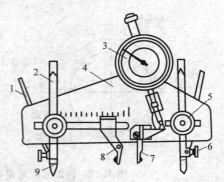

图 7.21　齿距累积总偏差的相对测量法
1—支架;2—定位支脚;3—指示表;4—主体;5—固定螺母;
6—固定螺钉;7—活动量爪;8—固定量爪;9—定位支脚

3) 齿圈径向跳动 F_r

(1) 定义

齿圈径向跳动(teeth radial run-out of gear ring)F_r 是指测头相继置于每个齿槽内时,从测头到齿轮轴心线的最大和最小径向距离之差。检测中,测头在近似齿高中部与左右齿面接触,如图 7.22 所示。

(2) F_r 产生的原因

F_r 是由几何偏心 $e_几$ 引起的。而几何偏心可能是在齿轮加工中产生的,也可能是在齿轮装配时产生的,如图 7.23(a)

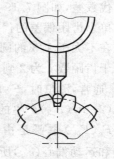

图 7.22　齿圈径向跳动的测量

所示。齿坯孔 O 与心轴中心 O' 之间有间隙,所以孔中心 O 可能与切齿时的回转中心 O' 不重合,而有一个偏心 $e_几$。在切齿过程中,刀具至回转中心 O' 的距离始终保持不变,因而切出的齿圈就以 O' 为中心均匀分布,当齿轮装配在轴上工作时,是以孔中心 O 为回转中心,由于 $e_几$ 存在,所以在齿轮转动时,从齿圈到孔中心 O 的距离不等,从而产生齿圈径向跳动误差 F_r。齿圈径向跳动误差 F_r 是按正弦规律变化的,如图 7.23(b)所示。它以齿轮一转为一个周期,属于长周期误差。若忽略其他误差的影响,则 $F_r = 2e_几$。由 $e_几$ 引起的误差是沿着齿轮径向方向产生的,属径向误差。

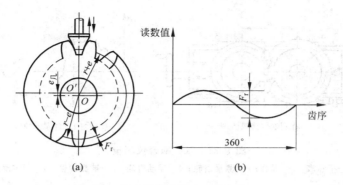

图 7.23　几何偏心 $e_几$ 产生 F_r

假如齿轮加工时无误差,但加工好的齿轮安装在轴上时,若齿轮孔与传动轴有间隙,其对齿轮传动准确性的影响与几何偏心 $e_几$ 产生的影响是相同的。

(3) F_r 的测量

F_r 可在齿圈径向跳动检查仪(见图 7.24)、万能测齿仪或普通偏摆检查仪上用小圆棒和百分表测量。把测量头(可采用球形或锥形的)或圆棒放在齿间,对于采用标准齿轮,球形测头的直径 d_p 可取 $1.68m$(m 为齿轮模数),依次逐齿测量。在齿轮一转中指示表最大读数与最小读数的差就是被测齿轮的齿圈径向跳动 F_r。

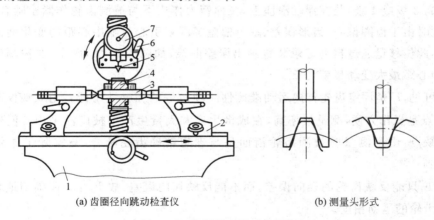

图 7.24　齿圈径向跳动的测量

1—底座；2—顶尖座；3—心轴；4—被测齿轮；5—测量头；6—指示表提升手柄；7—指示表

4) 径向综合总偏差 F_i''

(1) 定义

径向综合总偏差(radial composite deviation)F_i'' 是径向(双面)综合检验时,被测齿轮的左右齿面同时与理想精确的测量齿轮接触,并转过一整圈时出现的中心距最大值和最小值之差,如图 7.25 所示,其中图 7.25(a)为测量原理图,图 7.25(b)为 F_i'' 误差曲线图。

$$F_i'' = E_{amax} - E_{amin} \tag{7.1}$$

式中,E_{amax} 为双啮最大中心距；E_{amin} 为双啮最小中心距。

双啮中心距(E_a)是指被测齿轮与理想精确的测量齿轮紧密啮合时的中心距。

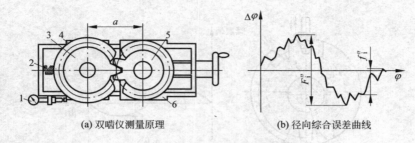

（a）双啮仪测量原理　　　　　　（b）径向综合误差曲线

图 7.25　双面啮合仪测量 F_i''

1—指示表；2—弹簧；3—测量齿轮；4—浮动骨座；5—被测齿轮；6—固定滑座

（2）F_i''产生的原因

F_i''主要反映几何偏心，可以代替 F_r 的检查。径向综合总公差 F_i'' 与齿圈径向跳动公差 F_r 的关系是

$$F_i'' = F_r + f_i'' \tag{7.2}$$

式中，f_i'' 为径向相邻齿综合误差。

（3）F_i'' 的测量

F_i''用双啮仪测量（见图 7.25（a）），被测齿轮安装在固定滑座上，测量齿轮（其精度比被测量齿轮高 3 级或 4 级）装在浮动滑座上，在弹簧力作用下与被测齿轮作紧密啮合，旋转被测齿轮，此时由于齿圈偏心、齿形误差、基节偏差等因素引起双啮中心距的变化使浮动滑座产生位移，此位移量通过自动记录装置画出误差曲线，如图 7.25（b）所示，在被测齿轮一转中，双啮中心距最大变动量就是 F_i''。

由此可见，F_i''是评定齿轮传递运动准确性一项较好的综合性指标。用双啮仪测量齿轮的 F_i''的优点是操作方便，测量效率高，在成批生产和大量生产中被广泛采用。但这种测量方法也有缺点，由于测量时被测齿轮齿面是与理想精确齿轮啮合，与实际工作状态不相符合。

由于 F_i''只能反映齿轮的径向误差，而不能反映切向误差，故 F_i''并不能确切地和充分地用来表示齿轮的运动精度。

5）公法线长度变动量 F_w

（1）定义

公法线长度变动量（length variation of base tangent）F_w 是指在齿轮一周范围内，实际公法线长度最大值与最小值之差，如图 7.26 所示。即

$$F_w = W_{k\max} - W_{k\min} \tag{7.3}$$

式中，$W_{k\max}$ 为实际公法线长度最大值；$W_{k\min}$ 为实际公法线长度最小值。

如图 7.27 所示，公法线（W_k）是指跨 k 个齿的异侧齿形平行切线间的距离或在基圆切线上所截取的长度。由渐开线形成原理可知，跨 k 个齿侧的公法线长度应该表示为

$$W_k = (k-1)t_j + s_j \tag{7.4}$$

式中，t_j 为第 j 个齿的齿距；s_j 为第 j 个齿的齿厚。

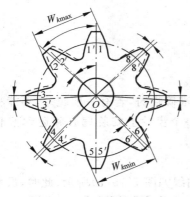

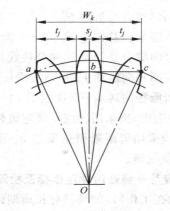

图 7.26　公法线长度变动　　　　　　　　图 7.27　公法线长度

（2）F_w 产生的原因

滚齿加工齿轮时，F_w 是由运动偏心 $e_运$ 引起的。$e_运$ 来源于机床分度蜗轮的偏心。假设此时齿轮无几何偏心，即 $e_几=0$，由于分度蜗轮存在偏心，此时分度蜗轮的回转轴线 $O'O'$ 与工作台轴线（齿坯中心）OO 不重合，产生偏心，当蜗杆匀速转动时，蜗轮节点处的线速度为常数（等于蜗杆的线速度），但由于分度蜗轮安装偏心，各瞬时节点的回转半径不等。所以分度蜗轮的角速度 ω 按正弦规律变化，从而使齿坯的转速不均匀，忽快忽慢，加工出来的齿轮轮齿在齿圈上就会分布不均匀。

（3）F_w 的测量

如图 7.28 所示，公法线长度变动量 F_w 是采用公法线千分尺或公法线长度指示卡规测量的。由于测量方法比较简单，所以在生产中将公法线长度变动量作为齿轮运动精度的评定指标之一。

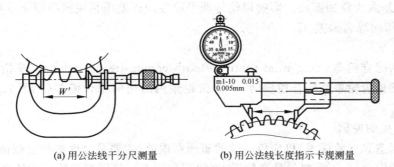

(a) 用公法线千分尺测量　　　　　　　　(b) 用公法线长度指示卡规测量

图 7.28　公法线长度变动量测量

对于上述这些检验参数，可以得出以下几点结论。

① F_r、F_i'' 主要是由 $e_几$ 引起的。

② F_w 是由 $e_运$ 引起的。

③ F_p 是由 $e_几$ 和 $e_运$ 综合引起的。

④ F_i' 是由长、短周期误差综合影响的结果。

在进行齿轮传动准确性检测时，不需提出全部参数，而是根据生产类型、精度要求和测量条件等的不同，分别选用下列各项工作组（检验组）之一便可。

① 切向综合总偏差 F_i'。

② 齿距累积总偏差 F_p 或 k 个齿距累积偏差 F_{pk}。

③ 径向综合总偏差 F_i'' 和公法线长度变动量 F_w。

④ 齿圈径向跳动 F_r 和公法线长度变动量 F_w。

⑤ 齿圈径向跳动 F_r(仅用于 10～12 级齿轮)。

需要指出,当采用③或④评定齿轮的传递运动准确性时,若有一项超差,不能将该齿轮判废,而应采用齿距累积总偏差 F_p 重评,因为同一个齿轮上安装偏心和运动偏心可能叠加,也可能抵消。

2. 传动平稳性的评定指标及检测

齿轮在工作时,如果只有长周期误差,其误差曲线如图 7.29(a)所示,此时,虽然运动不均匀,但齿轮在工作速度不高时,其传动还是比较平稳的。如果只有短周期误差,其误差曲线如图 7.29(b)所示,由于它在齿轮一转中多次重复出现,将引起齿轮瞬时传动比的急剧变化,使齿轮传动不平稳。在高速传动中,将发生冲击,产生噪声与振动。所以对短周期误差必须加以控制。

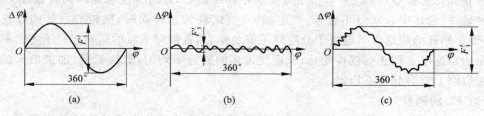

图 7.29　齿轮误差曲线

在实际工作中,齿轮运动误差是一个复杂的周期函数,如图 7.29(c)所示,此曲线是由长、短周期误差曲线叠加而成。影响齿轮传动平稳性的误差项目主要有以下 5 项。

1) 一齿切向综合偏差 f_i'

(1) 定义

一齿切向综合偏差(tangential tooth-to-tooth composite deviation)f_i' 是指被测齿轮与理想精确的测量齿轮单面啮合检验时,一个齿距角内的切向综合偏差(见图 7.15),以分度圆弧长计。

(2) f_i' 产生的原因

刀具的制造和安装误差,机床传动链的短周期误差(主要是分度蜗杆齿侧面的跳动及蜗杆本身的制造误差)。f_i' 反映的是高频误差(短周期误差),将影响齿轮传动的平稳性。

(3) f_i' 的测量

一齿切向综合偏差 f_i' 是采用单啮仪测量的。它是切向综合偏差曲线上(见图 7.15)小波纹中幅值最大的那一段所代表的误差,它综合反映了由刀具制造误差和安装误差,以及机床分度蜗杆制造误差和安装误差所造成的齿轮的各种短周期偏差,因而能充分地表明齿轮工作平稳性的高低,是评定齿轮工作平稳性精度的一项综合性指标。

2) 一齿径向综合偏差 f_i''

(1) 定义

一齿径向综合偏差(radial tooth-to-tooth composite deviation)f_i'' 是指被测齿轮与理想

精确的测量齿轮双面啮合时,在被测齿轮一齿距角 $(360°/z)$ 内的双啮中心距的最大变动量。如图 7.30 所示,也就是径向综合误差曲线上小波纹中幅值最大的那一段所代表的误差。

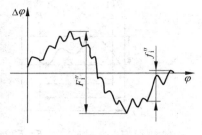

图 7.30　一齿径向综合偏差 f_i''

(2) f_i'' 产生的原因

一齿径向综合偏差 f_i'' 产生的原因与一齿切向综合偏差 f_i' 产生的原因基本相同。它主要反映由刀具制造误差和安装误差(如齿距偏差、齿形偏差及偏心等)所造成的径向短周期误差。

(3) f_i'' 的测量

一齿径向综合偏差 f_i'' 是采用双啮仪测量。当测量啮合角与加工啮合角相等($\alpha_{测}=\alpha_{加工}$)时,f_i'' 只反映刀具制造和安装误差引起的径向误差,而不能反映机床传动链短周期误差引起的周期切向误差。当 $\alpha_{测}\neq\alpha_{加工}$ 时,则 f_i'' 除包含径向误差外,还反映部分周期误差。因此用一齿径向综合偏差 f_i'' 评定齿轮传动的平稳性不如用一齿切向综合偏差 f_i' 评定完善,但由于双啮仪结构简单,操作方便,在成批生产中 f_i'' 仍被广泛采用。

3) 齿廓总偏差 F_α、齿廓形状偏差 $f_{f\alpha}$、齿廓倾斜偏差 $f_{H\alpha}$

(1) 定义

齿廓总偏差(total devaition of tooth profile)F_α 是指在计算范围内,包容实际齿廓迹线的两条设计齿廓迹线间的距离,如图 7.31(a)所示。齿廓形状偏差(form deviation of tooth profile)$f_{f\alpha}$ 是指在计算范围内,包容实际齿廓迹线的两条与平均齿廓迹线完全相同的曲线间的距离,且两条曲线与平均齿廓迹线的距离为常数,如图 7.31(b)所示。齿廓倾斜偏差(angle devaition of tooth profile)$f_{H\alpha}$ 是指在计值范围内的两端与平均齿廓迹线相交的两条设计齿廓迹线间的距离,如图 7.31(c)所示。

(2) 齿廓偏差产生的原因

齿廓偏差产生的原因有以下几种。

① 刀具的制造误差(如刀具齿形误差和齿形角误差)和刀具安装误差(如滚刀在刀杆上的安装偏心及倾斜)。

② 机床传动链误差。

③ 刀具的轴向窜动。

④ 工艺系统(机床、刀具、夹具和工件组成的系统)的振动。

(3) 齿廓偏差的测量

齿廓偏差的测量方法有展成法、坐标法和啮合法三种,以展成法为例说明偏差的测量原理,如图 7.32 所示。以被测齿轮回转轴线为基准,通过和被测齿轮 1 同轴的基圆盘 2 在直尺 3 上作纯滚动,形成理论的渐开线轨迹,实际轮廓线与理论渐开线轨迹进行比较,其差值通过传感器和记录器 4 画出齿廓偏差曲线,在该曲线上按偏差定义找出 F_α。

4) 基圆齿距偏差 f_{pb}

(1) 定义

齿轮端面基圆齿距 p_{bt} 等于两相邻同侧齿面端面齿廓间公法线长度,也等于两相邻同侧渐开线齿廓间基圆圆弧长度,如图 7.33 所示。其计算公式为

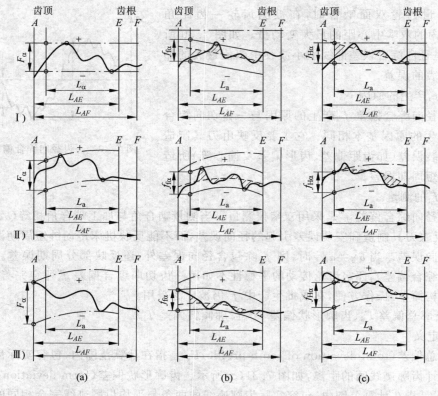

图 7.31　齿廓偏差

— · — 设计齿廓;　～～～ 实际齿廓;　— — — — 平均齿廓

Ⅰ)设计齿廓:修形的渐开线;实际齿廓:在减薄区内具有偏向体内的负偏差;

Ⅱ)设计齿廓:修形的渐开线(举例);实际齿廓:在减薄区内具有偏向体内的负偏差;

Ⅲ)设计齿廓:修形的渐开线(举例);实际齿廓:在减薄区内具有偏向体外的正偏差

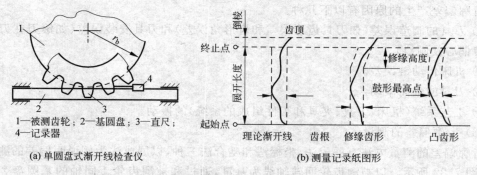

1—被测齿轮;2—基圆盘;3—直尺;
4—记录器

(a) 单圆盘式渐开线检查仪　　　　　　(b) 测量记录纸图形

图 7.32　单圆盘渐开线检查仪的工作原理

$$p_{bt} = d_h \frac{\pi}{z} \qquad (7.5)$$

法向基节 p_{bn} 和端面基圆齿距 p_{bt} 有以下关系:

$$p_{bn} = p_{bt} \cos\beta_h \qquad (7.6)$$

关于基圆齿距偏差(pitch deviation of base circular) f_{pb} ,GB/T 10095.1—2008 未规定

其定义,也未给其极限偏差计算式。

（2）f_{pb}产生的原因

主要是切齿刀具的制造误差,包括刀具本身基节偏差和
齿形角误差。齿轮工作时,要实现正确的啮合传动,主动轮
与从动轮的基节必须相等,即

$$t_{j1} = t_{j2} \tag{7.7}$$

式中,t_{j1}为主动轮基节;t_{j2}为从动轮基节。

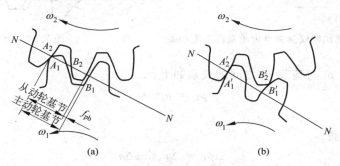

图 7.33　端面基圆齿距 p_{bt}

但齿轮存在基圆齿距偏差 f_{pb},使主、从动轮基节不相等,即 $t_{j1} \neq t_{j2}$。基节不等的一对
齿轮在啮合过渡的一瞬间发生冲击,如图 7.34 所示。

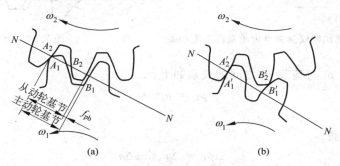

图 7.34　基节偏差对齿轮传动平稳性的影响

① 当 $t_{j1} > t_{j2}$ 时(见图 7.34(a)),第一对齿在 A_1、A_2 点啮合终止时,第二对齿 B_1、B_2 尚
未进入啮合。此时,A_1 的齿顶将沿着 A_2 的齿根"刮行"(称顶刃啮合),发生啮合线外的啮
合,使从动轮突然降速,第二对齿 B_1、B_2 进入啮合时,使从动轮又突然加速,从而引起冲击、
振动和噪声,使传动不平稳。

② 当 $t_{j1} < t_{j2}$ 时(见图 7.34(b)),第一对齿 A_1'、A_2' 的啮合尚未结束,第二对齿 B_1'、B_2' 就已
开始进入啮合,B_2' 的齿顶反向撞击 B_1' 的齿腹,使从动轮突然加速,强迫 A_1' 和 A_2' 脱离啮合。
B_2' 的齿顶在 B_1' 的齿腹上"刮行",同样产生顶刃啮合。直到 B_1' 和 B_2' 进入正常啮合,恢复正
常转速为止。这种情况比前一种情况更坏,除有冲击、振动和噪声外,有时还会发生卡死
现象。

上述两种情况在齿轮一转中多次重复出现,误差的频率等于齿数,称为齿频误差。这是
影响传动平稳性的重要原因。

（3）f_{pb} 的测量

相啮合的齿轮各齿之间有效负荷的分配,要求两个齿轮的基圆齿距精度能得到充分的
控制,在两个齿轮要求能互换时,这一点就显得尤为重要。在这种情况下,一个重要的测量
目标,就是确定用于与其他齿轮的平均基圆齿距相比较的那个齿轮的平均基圆齿距。法向
基圆齿距的理论值是法向模数和法向压力角的函数,即

$$p_{bn} = m_n \pi \cos\alpha_n \tag{7.8}$$

通常用便携式比较仪来测量法向基圆齿距偏差,这种仪器的使用原理如图 7.35 所示,
借助于一组合适的量块校准,可直接测量与理论基圆齿距的偏差。测量中,必须保证比较仪
的触头的接触点不在齿廓或螺旋线的修形区域内。

5) 单个齿距偏差 f_{pt}

(1) 定义

单个齿距偏差(deviation of single pitch)f_{pt} 是指在齿轮端截面上,在接近齿高中部的一个与齿轮轴线同心的圆上,实际齿距与理论齿距的代数差,如图 7.36 所示。

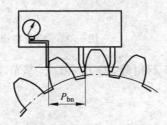

图 7.35　便携式比较仪测量直齿轮基圆齿距偏差

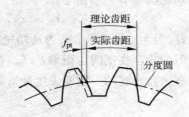

图 7.36　齿距偏差

理论上,齿距 p_t 与基节 p_b 之间的关系如下:

$$p_b = p_t \cos\alpha \tag{7.9}$$

式中,α 为齿形角。

微分式(7.9)得

$$\Delta p_b = \Delta p_t \sin\alpha \Delta\alpha \tag{7.10}$$

解得

$$\Delta p_t = \frac{\Delta p_b + \Delta\alpha \cdot p_t \sin\alpha}{\cos\alpha} \tag{7.11}$$

式中,Δp_t 只体现齿距偏差;Δp_b 体现基节偏差;$\Delta\alpha$ 体现齿形误差。

因此,式(7.11)表明齿距偏差在一定程度上反映了基节偏差和齿形误差的影响,所以可用齿距偏差来评定齿轮工作平稳性的精度。

(2) f_{pt} 产生的原因

在滚齿加工中,f_{pt} 主要是由分度蜗杆的跳动引起的。在有些切齿工艺(如磨齿)中,可以通过测量单个齿距偏差 f_{pt} 来暴露齿轮机床分度盘的误差对切向相邻齿的一齿切向综合误差 f_i' 的影响。

(3) f_{pt} 的测量

单个齿距偏差 f_{pt} 采用齿距仪测量,方法类似于齿距累积总偏差 F_p 的测量。

在确定齿轮传动平稳性的检测指标时,不需提出全部参数,根据生产规模、齿轮精度、测量条件及工艺方法的不同,可分别提出下列各组之一。

① 齿廓总偏差 F_α 与基圆齿距偏差 f_{pb}。

② 齿廓总偏差 F_α 与单个齿距偏差 f_{pt}。

③ 一齿切向综合偏差 f_i'(必要时加检单个齿距偏差 f_{pt})。

④ 一齿径向综合偏差 f_i''(要求保证齿形精度时,一般用于 6~9 级精度齿轮)。

⑤ 单个齿距偏差 f_{pt} 与基圆齿距偏差 f_{pb}(用于 9~12 级精度齿轮)。

3. 载荷分布均匀性的评定指标及检测

从理论上讲,一对齿在啮合过程中,由齿顶到齿根的每一瞬间都是沿全齿宽接触的,如果不考虑弹性变形的影响,每一瞬间轮齿都是沿着一条直线进行接触的。对于直齿轮,这条接触线是平行于轴线的直线段 K—K，如图 7.37(a)所示。对于斜齿轮，某瞬间的接触线是一根在基圆柱的切平面上与基圆柱母线夹角为 β_b 的直线 K—K，如图 7.37(b)所示。但实际上，由于齿轮的制造和安装误差，啮合齿并不是沿全齿宽及全齿高接触。就单个齿轮的制造误差而言，对于直齿轮，影响接触长度的是齿向误差，影响接触高度的是齿形误差；对于宽斜齿轮，影响接触长度的主要是螺旋线的误差，影响接触高度的是齿形误差和基节偏差。从评定齿轮载荷分布均匀性来看，一般对接触长度的要求高于对接触高度的要求，且影响接触高度的误差项目已在传动平稳性中得到控制，所以这里主要考虑影响接触长度的误差项目。

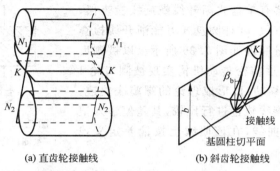

(a) 直齿轮接触线　　　　　　(b) 斜齿轮接触线

图 7.37　齿轮接触线

关于螺旋线偏差：

（1）定义

螺旋线偏差 F_β 是指在计值范围 L_β 内，包容实际螺旋线迹线的两条设计螺旋线迹线间的距离，如图 7.38 所示。点画线为设计螺旋线；实线为实际螺旋线；虚线为平均螺旋线。其中，图 7.38(a)为螺旋线总偏差(spiral total deviation)F_β；图 7.38(b)为螺旋线形状偏差(form deviation of spiral)$F_{f\beta}$；图 7.38(c)为螺旋线倾斜偏差(angle deviation of spiral)$F_{H\beta}$。

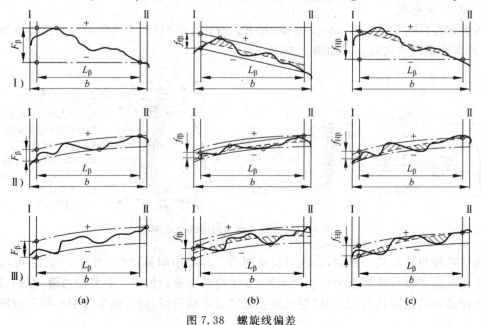

(a)　　　　　　　　　　　　　(b)　　　　　　　　　　　　　(c)

图 7.38　螺旋线偏差

(2) 产生的原因

① 机床刀架导轨方向相对于工作台回转中心线有倾斜误差。

② 齿坯安装时内孔与心轴不同轴或齿坯端面跳动量过大而引起。

③ 对于斜齿轮,还与机床差动传动链(附加传动)的调整误差有关。

(3) 测量

螺旋线偏差的测量方法有展成法和坐标法两种方法。

① 展成法

展成法的测量仪器有单盘式渐开线螺旋线检查仪、分级圆盘式渐开线检查仪、杠杆圆盘式万能渐开线检查仪和导程仪等。其测量原理如图 7.39 所示。以被测齿轮回转轴线为基准,通过精密传动机构实现被测齿轮 1 回转和测头 2 沿轴向移动,以形成理论的螺旋线轨迹。实际螺旋线与理论螺旋线轨迹进行比较,其差值输入记录器绘出螺旋线偏差曲线,在该曲线上按偏差定义找出 F_β。

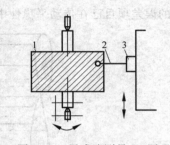

图 7.39　展成法测量 F_β 原理

1—被测齿轮;2—测头;3—测头滑架

② 坐标法

坐标法的测量仪器有螺旋线样板检查仪、齿轮测量中心和三坐标测量机等。测量原理为以被测齿轮回转轴线为基准,通过测量角度装置(如圆光栅、分度盘)和测量长度装置(如长光栅、激光)测量螺旋线的回转角度坐标和径向坐标,将被测螺旋线的实际坐标位置与理论坐标位置进行比较,其差值输入记录器绘出螺旋线偏差曲线,在该曲线上按偏差定义找出 F_β。

4. 侧隙评定指标及检测

在齿轮加工误差中,影响齿轮副侧隙的误差主要是齿厚偏差和公法线平均长度极限偏差两项。

1) 齿厚偏差 E_{sn}

齿厚偏差(thickness deviation of teeth) E_{sn} 是指分度圆柱面上实际齿厚与公称齿厚之差(对于斜齿轮系指法向齿厚),如图 7.40 所示。

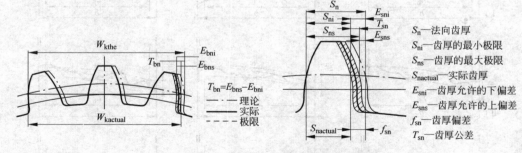

S_n—法向齿厚
S_{ni}—齿厚的最小极限
S_{ns}—齿厚的最大极限
$S_{nactual}$—实际齿厚
E_{sni}—齿厚允许的下偏差
E_{sns}—齿厚允许的上偏差
f_{sn}—齿厚偏差
T_{sn}—齿厚公差

图 7.40　公法线长度和齿厚的允许偏差

为了获得齿轮副最小侧隙,必须对齿厚削薄。其最小削薄量(即齿厚上偏差)可以通过计算求得。为了设计所要求的最小侧隙值,多采用将齿轮的齿厚作必要的减薄,即相当于基准齿条作必要的径向位移,齿侧间隙只能安装完后才能测得,因为侧隙与中心距和齿厚偏差有关。齿厚偏差一般是用齿厚游标卡尺(见图 7.41(a))和光学齿厚卡尺(见图 7.41(b))测量。测量时应尽量使量爪与齿面在分度圆接触,因此,量仪上与齿顶接触的定位板的位置应根据实际齿顶高误差值来调节。测得分度圆弦齿厚的实际值后,减去其公称值就得到分度圆弦齿厚的实际偏差。

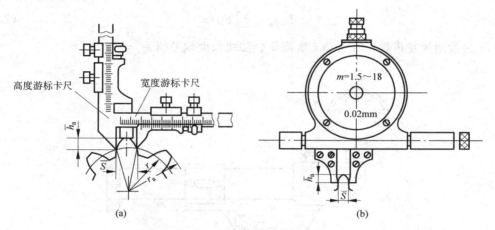

图 7.41　齿厚测量

2) 公法线平均长度极限偏差 E_{bns} 和 E_{bni}

公法线 W_k 的长度是在基圆柱切平面(公法线平面)上,跨 k 个齿(对外齿轮)或 k 个齿槽(对内齿轮),在接触到一个齿的右齿面和另一个齿的左齿面的两个平行平面之间测得的距离。

公法线平均长度公差 T_{bn} 是指公法线平均长度变动量 E_{bn} 的最大允许值,即

$$T_{bn} = | E_{bns} - E_{bni} | \qquad (7.12)$$

公法线长度 W_k 等于若干个基节 p_{bt} 与一个基圆弧齿厚 S_{bt} 的和,如图 7.42 所示。

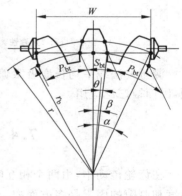

图 7.42　直齿轮的公法线长度

由于基圆齿距偏差主要取决于刀具,而刀具的制造精度明显高于工件的精度,所以齿轮基圆齿距偏差的数值比齿厚偏差的数值小得多。公法线平均长度偏差主要反映齿厚偏差,因而可用公法线平均长度偏差作为齿厚偏差的代用指标。它们关系如下:

$$E_{bns} = E_{sns}\cos\alpha_n - 0.72F_r\sin\alpha_n \qquad (7.13)$$
$$E_{bni} = E_{sni}\cos\alpha_n - 0.72F_r\sin\alpha_n \qquad (7.14)$$

式中,F_r 为齿圈径向跳动。

公法线长度 W_k 的公称值及跨齿数 k 的计算如下:

$$W_k = m[1.476(2k-1) + 0.014z] \qquad (7.15)$$
$$k = \frac{z}{9} + 0.5 \qquad (7.16)$$

实际公法线长度测量除前面讲的使用公法线千分尺或游标卡尺外,还可用公法线长度

指示卡规测量,如图 7.43 所示。图中固定量爪 3 紧固安装在开口弹性套筒 2 上,后者可沿空心圆杆 1 作轴向运动,以调节固定量爪 3 与活动量爪 4 之间距离。测量公法线平均长度偏差 E_{bn} 时,可先按公法线长度公称值 W 组合量块,让量爪 3、4 的测头与量块组接触,再将指示表指针对零,然后逐一测出公法线长度偏差 F_{bi},取平均值,即

$$E_{bn} = \sum_{i=1}^{z} F_{bi}/z \tag{7.17}$$

式中,z 为被测齿轮齿数;F_{bi} 为第 i 次测量公法线长度偏差值。

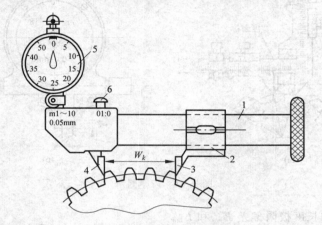

图 7.43　公法线长度指示卡规

1—空心圆杆;2—弹性套筒;3—固定量爪;4—活动量爪;5—指示表;6—锁紧螺母

测量公法线平均长度极限偏差与测量齿厚偏差不同,不受齿顶圆误差的影响,方法简便,因而被广泛应用。

7.4　齿轮副精度的评定指标

在齿轮传动中,由两个相互啮合的齿轮组成的基本机构称为齿轮副。影响齿轮副传动精度和侧隙的因素是多方面的。因此,要保证齿轮副的传动精度和具有合理的侧隙,除了控制单个齿轮的精度外,还必须控制齿轮副的精度。

1. 齿轮副中心距极限偏差±f_a

齿轮副中心距极限偏差(limit deviation of center distance for gear pairs)±f_a 是指在齿轮副的齿宽中间平面内,实际中心距与公称中心距之差。公称中心距是在考虑了最小侧隙及两齿轮的齿顶和其相啮的非渐开线齿廓齿根部分的干涉后确定的。

在齿轮只是单向承载运转而不经常反转的情况下,最大侧隙的控制不是一个重要的考虑因素,此时中心距极限偏差±f_a 主要取决于齿轮啮合的重合度。

在控制运动用的齿轮中,其侧隙必须加以控制,当齿轮上的负载常常反向时,对中心距偏差必须很仔细地考虑下列因素:①轴、箱体和轴承的偏斜;②由于箱体的偏差和轴承的间隙导致齿轮轴线的不一致;③由于箱体的偏差和轴承的间隙导致齿轮轴线的倾斜;④齿轮安装误差;⑤轴承跳动;⑥温度的影响(随箱体和齿轮零件间的温差、中心距和材料不同而变化);⑦旋转件的离心伸胀;⑧其他因素,例如润滑剂污染的允许程度及非金属齿轮材

料的溶胀。当确定影响侧隙偏差的所有尺寸公差时,应该遵照 GB/Z 18620.2—2008 中关于齿厚公差和侧隙的推荐内容。

GB/Z 18620.3—2008 未给出中心距极限偏差的允许偏差值,在生产中可类比某些成熟产品的技术资料或参照表 7.2 确定。

表 7.2　中心距极限偏差 ±f_a

中心距 a/mm ＼ 齿轮精度等级	5、6	7、8
≥6~10	7.5	11
>10~18	9	13.5
>18~30	10.5	16.5
>30~50	12.5	19.5
>50~80	15	23
>80~120	17.5	27
>120~180	20	31.5
>180~250	23	36
>250~315	26	40.5
>315~400	28.5	44.5
>400~500	31.5	48.5

2. 齿轮副轴线平行度偏差 $f_{\Sigma\delta}$、$f_{\Sigma\beta}$

如果一对啮合的圆柱齿轮的两条轴线不平行,形成了空间的异面(交叉)直线,则将影响齿轮的接触精度,因此必须加以控制,如图 7.44 所示。GB/Z 18620.3—2008 规定了轴线平面内的 x 方向平行度偏差 $f_{\Sigma\delta}$ 和轴线 y 方向平行度偏差 $f_{\Sigma\beta}$。

轴线的 x 方向平行度偏差 $f_{\Sigma\delta}$ 定义为一对齿轮的轴线在其基准平面上投影,在齿宽的全长上测量的平行度误差。其允许范围则是轴线的 x 方向的平行度公差。

轴线的 y 方向平行度偏差 $f_{\Sigma\beta}$ 定义为一对齿轮的轴线在垂直于基准平面,并且平行于基准轴线的平面上投影的平行度误差,在等于齿宽的长度上测量。其允许范围则是轴线的 y 方向的平行度公差。

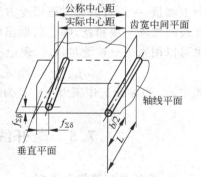

图 7.44　轴线平行度偏差

轴线平面内的平行度偏差 $f_{\Sigma\delta}$ 是在两轴线的公共平面上测量的;垂直平面上的平行度偏差 $f_{\Sigma\beta}$ 是在与轴线公共平面相垂直平面上测量的。上述基准平面是指包含基准轴线,并通过由另一轴线与齿宽中间平面相交的点所形成的平面。

3. 齿轮副的接触斑点

齿轮副的接触斑点(contact tracks of gear pairs)是指装配(在箱体内或啮合试验台上)好的齿轮副,在轻微的制动下,进行旋转后,齿面上的接触痕迹。接触斑点可以用沿齿高方向和沿齿长方向的百分数来表示,如图 7.45 所示。

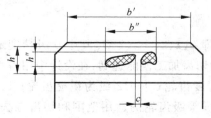

图 7.45　接触斑点

检验产品齿轮副在其箱体内所产生的接触斑点

可以帮助人们对轮齿载荷的分布进行评估。产品齿轮与测量齿轮的接触斑点,可用于装配后的齿轮的齿廓和螺旋线精度的评估,还可用接触斑点来规定和控制齿轮轮齿齿长方向的配合精度。

沿齿长方向:接触痕迹的长度 b''(扣除超过模数值的断开部分 c)与工作长度 b' 之比百分数,即 $\dfrac{b''-c}{b'}\times 100\%$。

沿齿高方向:接触痕迹的平均高度 h'' 与工作高度 h' 之比的百分数,即 $\dfrac{h''}{h'}\times 100\%$。

沿齿长方向的接触斑点主要影响齿轮副的承载能力,沿齿高方向的接触斑点主要影响工作平稳性。齿轮副的接触斑点综合反映了齿轮副的加工误差和安装误差,是评定齿轮接触精度的一项综合性指标。对接触斑点的要求应标注在齿轮传动装配图的技术要求中。

4. 齿轮副侧隙

为保证齿轮润滑、补偿齿轮的制造误差、安装误差以及热变形等造成的误差,必须在非工作齿面留有侧隙。侧隙是指在一对装配好的齿轮副中,相啮合轮齿间的间隙,它是在节圆上齿槽宽度超过相啮合的轮齿齿厚的量。齿轮副侧隙按计量方向的不同,分为圆周侧隙 j_{wt} 和法向侧隙 j_{bn},如图 7.46 所示。圆周侧隙 j_{wt} 是指安装好的齿轮副,当其中一个齿轮固定时,另一齿轮圆周的晃动量,以分度圆上弧长计值。法向侧隙 j_{bn} 是指安装好的齿轮副,当工作齿面接触时,非工作齿面之间的最短距离。

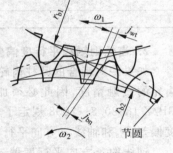

测量法向侧隙 j_{bn} 需在基圆切线方向,也就是在啮合线方向上测量,一般可以通过压铅丝方法测量,即齿轮啮合过程中在齿间放入一块铅丝,啮合后取出压扁了的铅丝测量其厚度。也可以用塞尺直接测量 j_{bn}。理论上 j_{bn} 与 j_{wt} 存在以下关系:

$$j_{bn} = j_{wt}\cos\alpha_{wt}\cos\beta_b \qquad (7.18)$$

图 7.46 齿轮侧隙

式中,α_{wt} 为端面工作压力角;β_b 为基圆螺旋角。

7.5 渐开线圆柱齿轮精度标准及其应用

1. 齿轮精度等级及选择

GB/T 10095.1—2008《渐开线圆柱齿轮 精度 第 1 部分:轮齿同侧齿面偏差的定义和允许值》适用于平行轴传动的渐开线圆柱齿轮及其齿轮副,其法向模数 $m_n \geqslant 0.5\sim 70\text{mm}$,分度圆直径 $d\geqslant 5\sim 10\,000\text{mm}$,齿宽 $b\leqslant 4\sim 1000\text{mm}$。它对渐开线圆柱齿轮的精度等级作出了新的规定。

1) 精度等级

国家标准对齿轮及齿轮副规定了 13 个精度等级,即 0、1、2、…、12 级,其中 0 级精度最高,12 级精度最低,7 级是制定标准的基础级,用一般的切齿加工便能达到,在设计中用得最广。一般将 3~5 级视为高精度齿轮;6~8 级为中等精度齿轮;9~12 级为粗糙齿轮;1、2 级是有待发展的特别精密的齿轮。表 7.3 给出了各精度等级齿轮的适用范围和切齿方法,可供参考。

表 7.3　齿轮精度等级的选用（供参考）

精度等级	圆周速度/(m/s)		齿面的终加工	工 作 条 件
	直齿	斜齿		
3级（极精密）	~40	~75	特精密的磨削和研齿；用精密滚刀或单边剃齿后大多数不经淬火的齿轮	要求特别精密的或在最平稳且无噪声的特别高速下工作的齿轮传动；特别精密机构中的齿轮；特别高速传动（透平齿轮）；检测 5 级和 6 级齿轮用的测量齿轮
4级（特别精密）	~35	~70	精密磨齿；用精密滚刀和挤齿或单边剃齿后的大多数齿轮	特别精密分度机构中或在最平稳且无噪声的极高速下工作的齿轮传动；特别精密分度机构中的齿轮；高速透平传动；检测 7 级齿轮用的测量齿轮
5级（高精密）	~20	~40	精密磨齿；大多数用精密滚刀加工，进而挤齿或剃齿的齿轮	精密分度机构中或要求极平稳且无噪声的高速工作的齿轮传动；精密机构中的齿轮；透平齿轮；检测 8 级和 9 级齿轮用的测量齿轮
6级（高精密）	~15	~30	精密磨齿或剃齿	要求最高效率且无噪声的高速平稳工作的齿轮传动或分度机构的齿轮传动；特别重要的航空、汽车齿轮；读数装置用特别精密传动的齿轮
7级（精密）	~10	~15	无须热处理仅用精密刀具加工的齿轮；淬火齿轮必须精整加工（磨齿、挤齿、珩齿等）	无须特别精密的一般机械制造用齿轮；包括在分度链中的机床传动齿轮；高速减速器用齿轮；航空、汽车用齿轮；读数装置用齿轮
8级（中等精密）	~6	~10	不磨齿，不必光整加工或对研	无须特别精密的一般机械制造用齿轮；包括在分度链中的机床传动齿轮；飞机、汽车制造业中的不重要齿轮；起重机械用齿轮；农用机械中的重要齿轮；通用减速器齿轮
9级（较低精密）	~2	~4	无须特殊光整加工	用于粗糙工作的齿轮

　　不同机械的内齿轮传动中所采用的齿轮精度等级不同，如：测量齿轮 3 级~5 级；蜗轮减速器 3 级~6 级；金属切削机床 3 级~8 级；内燃机车和电气机车 6 级、7 级；轻型汽车 5 级~8 级；重型汽车 6 级~9 级；航空发动机 4 级~7 级；拖拉机 6 级~10 级；一般用途的减速器 6 级~9 级；轧钢设备的小齿轮 6 级~10 级；矿用绞车 8 级~10 级；起重机械 7 级~10 级；农用机械 8 级~11 级等。

　　齿轮的精度等级确定以后，各级精度的各项评定指标的公差（或极限偏差）值可查表 7.4~表 7.6。当齿轮的法向模数大于 40mm，分度圆直径大于 4000mm，有效齿宽大于 630mm 时，其公差（或极限偏差）已超出标准表格中的范围，这时可按标准给出的有关公式计算。

表 7.4　$\pm f_{pt}$、F_p、F_α、$\pm f_{f\alpha}$、$\pm f_{H\alpha}$、F_r、f'_i、F'_i、F_w 偏差允许值(摘自 GB/T 10095.1~2—2008)

单位: μm

分度圆直径 d/mm	模数 m/mm	单个齿距极限偏差 $\pm f_{pt}$ 5	6	7	8	齿轮累积总公差 F_p 5	6	7	8	齿廓总公差 F_α 5	6	7	8	齿廓形状偏差 $f_{f\alpha}$ 5	6	7	8	齿廓倾斜极限偏差 $\pm f_{H\alpha}$ 5	6	7	8	径向跳动公差 F_r 5	6	7	8	f'_i/k 值 5	6	7	8	公法线长度变动公差 F_w 5	6	7	8
≥5~20	≥0.5~2	4.7	6.5	9.5	13	11	16	23	32	4.6	6.5	9	13	3.5	5	7	10	2.9	4.2	6	8.5	9	13	18	25	14	19	27	38	10	14	20	29
	>2~3.5	5	7.5	10	15	12	17	23	33	6.5	9.5	13	19	5	7	10	14	4.2	6	8.5	12	9.5	13	19	27	16	23	32	45				
>20~50	≥0.5~2	5	7	10	14	14	20	29	41	5	7.5	10	15	4	5.5	8	11	3.3	4.6	6.5	9	11	16	23	32	14	20	29	41	12	16	23	32
	>2~3.5	5.5	7.5	11	15	15	21	30	42	7	10	14	20	5.5	8	11	16	4.5	6.5	9	13	12	17	24	34	17	24	34	48				
	>3.5~6	6	8.5	12	17	15	22	31	44	9	12	18	25	7	9.5	14	19	5.5	7.5	11	16	12	17	25	34	19	27	38	54				
>50~125	≥0.5~2	6	8.5	12	17	18.5	26	37	52	6	8.5	12	18	5	7	9.5	14	4.4	6	9	12	15	21	29	41	16	22	31	44	14	19	27	37
	>2~3.5	6.5	9	13	18	19	27	38	53	8	11	16	22	6	8.5	12	17	5.5	7.5	11	15	15	21	30	43	18	25	36	51				
	>3.5~6	6.5	9	13	18	19	28	39	55	9.5	13	19	25	7.5	11	15	21	6	8.5	12	17	16	22	31	44	20	29	40	57				
>125~280	≥0.5~2	6.5	9	13	18	24	35	49	69	8.5	12	17	25	6	8.5	12	17	5	7	10	14	20	28	39	55	17	24	34	49	16	22	31	44
	>2~3.5	7	10	14	20	25	35	50	70	10	15	21	29	7.5	11	15	21	6	8.5	12	17	20	28	40	56	20	28	39	56				
	>3.5~6	7	10	14	20	25	36	51	72	12	17	24	30	9	13	18	26	7	10	15	21	20	29	41	58	22	31	44	62				
>280~560	≥0.5~2	6.5	9.5	13	19	32	46	64	91	8.5	12	17	24	6.5	9.5	13	19	6	8	12	16	26	36	51	73	19	27	39	54	19	26	37	53
	>2~3.5	7	10	14	20	33	46	65	92	11	15	21	29	8	12	16	23	7	10	15	21	26	37	52	74	22	31	44	62				
	>3.5~6	8	11	16	22	33	47	66	94	13	18	26	34	10	15	20	29	9	13	18	26	27	38	53	75	24	34	48	68				

注: 1. F_w 为根据生产实践提出的,供参考。

2. 将 f'_i/k 乘以 k 即得到 f'_i; 当 $\varepsilon_r < 4$ 时 $k = 0.2\left(\dfrac{\varepsilon_r+4}{\varepsilon_r}\right)$; 当 $\varepsilon_r \geq 4$ 时, $k = 0.4$。

3. $F'_i = F_p + f'_i$。

表 7.5　F_β、$f_{f\beta}$、$\pm f_{H\beta}$ 偏差允许值（摘自 GB/T 10095.1~2—2008）　　　μm

分度圆直径 d/mm	精度等级 偏差项目 齿宽 d/mm	螺旋线总公差 F_β				螺旋线形状公差 $f_{f\beta}$ 和螺旋线倾斜极限偏差 $\pm f_{H\beta}$			
		5	6	7	8	5	6	7	8
≥5~20	≥4~10	6.0	8.5	12	17	4.4	6.0	8.5	12
	>10~20	7.0	9.5	14	19	4.9	7.0	10	14
>20~50	≥4~10	6.5	9.0	13	18	4.5	6.5	9.0	13
	>10~20	7.0	10	14	20	5.0	7.0	10	14
	>20~40	8.0	11	16	23	6.0	8.0	12	16
>50~125	≥4~10	6.5	9.5	13	19	4.8	6.5	9.5	13
	>10~20	7.5	11	15	21	5.5	7.5	11	15
	>20~40	8.5	12	17	24	6.0	8.5	12	17
	>40~80	10	14	20	28	7.0	10	14	20
>125~280	≥4~10	7.0	10	14	20	5.0	7.0	10	14
	>10~20	8.0	11	16	22	5.5	8.0	11	16
	>20~40	9.0	13	18	25	6.5	9.0	13	18
	>40~80	10	15	21	29	7.5	10	15	21
	>80~160	12	17	25	35	8.5	12	17	25
>280~560	≥10~20	8.5	12	17	24	6.0	8.5	12	17
	>20~40	9.5	13	19	27	7.0	9.5	14	19
	>40~80	11	15	22	33	8.0	11	16	22
	>80~160	13	18	26	36	9.0	13	18	26
	>160~250	15	21	30	43	11	15	22	30

表 7.6　F_i''、f_i'' 公差值（摘自 GB/T 10095.2—2008）　　　μm

分度圆直径 d/mm	精度等级 偏差项目 齿宽 d/mm	径向综合总公差 F_i''				一齿径向综合公差 f_i''			
		5	6	7	8	5	6	7	8
≥5~20	>0.2~0.5	11	15	21	30	2.0	2.5	3.5	5.0
	>0.5~0.8	12	16	23	33	2.5	4.0	5.5	7.5
	>0.8~1.0	12	18	25	35	3.5	5.0	7.0	10
	>1.0~1.5	14	19	27	38	4.5	6.5	9.0	13
>20~50	>0.2~0.5	13	19	26	37	2.0	2.5	3.5	5.0
	>0.5~0.8	14	20	28	40	2.5	4.0	5.5	7.5
	>0.8~1.0	15	21	30	42	3.5	5.0	7.0	10
	>1.0~1.5	16	23	32	45	4.5	6.5	9.0	13
	>1.5~2.5	18	26	37	52	6.5	9.5	13	19

分度圆直径 d/mm	精度等级 偏差项目 齿宽 d/mm	径向综合总公差 F''_i				一齿径向综合公差 f''_i			
		5	6	7	8	5	6	7	8
>50~125	≥1.0~1.5	19	27	39	55	4.5	6.5	9.0	13
	>1.5~2.5	22	31	43	61	6.5	9.5	13	19
	>2.5~4.0	25	36	51	72	10	14	20	29
	>4.0~6.0	31	44	62	88	15	22	31	44
	>6.0~10	40	57	80	114	24	34	48	67
>125~280	≥1.0~1.5	24	34	48	68	4.5	6.5	9.0	13
	>1.5~2.5	26	37	53	75	6.5	9.5	13	19
	>2.5~4.0	30	43	61	86	10	15	21	29
	>4.0~6.0	36	51	72	102	15	22	48	67
	>6.0~10	45	64	90	127	24	34	48	67
>280~560	≥1.0~1.5	30	43	61	86	4.5	6.5	9.0	13
	>1.5~2.5	33	46	65	92	6.5	9.5	13	19
	>2.5~4.0	37	52	73	104	10	15	21	29
	>4.0~6.0	42	60	84	119	15	22	31	44
	>6.0~10	51	73	103	145	24	34	48	68

齿轮精度标准中没有给出以下 9 个公差项目的数值,需要时可按下列计算公式计算:

$$F'_i = F_p + F_f \tag{7.19}$$
$$f'_i = 0.6(f_{pt} + f_f) \tag{7.20}$$
$$F_{px} = F_\beta \tag{7.21}$$
$$f_{f\beta} = \cos\beta \quad (\beta \text{ 为分度圆上的螺旋角}) \tag{7.22}$$
$$F_b = F_\beta \quad (\text{按接触线长度查表 7.5}) \tag{7.23}$$
$$F'_{ic} = F'_{i1} + F'_{i2} \tag{7.24}$$
$$f'_{ic} = f'_{i1} + f'_{i2} \tag{7.25}$$
$$f_x = F_\beta \tag{7.26}$$
$$f'_y = 0.5 F_\beta \tag{7.27}$$

2) 精度等级的选用

　　齿轮副中两个齿轮的精度等级一般取相同,也允许取不同。若两齿轮的精度等级不同,则按较低的精度确定齿轮副的精度等级。精度等级应根据使用要求、工作条件、技术要求等具体情况来选择。其选择原则是在满足使用要求的前提下,应尽量选用精度较低的等级。这主要是既要考虑满足使用要求,又要考虑经济性。由于影响齿轮传动精度的因素多而复杂,按计算法得出的齿轮精度仍需要进行修正,故计算法很少采用。多数场合采用类比法选择齿轮精度等级。如表 7.7 所示为常见机械产品的齿轮精度等级。

表 7.7 常见机械产品的齿轮精度等级

应 用 范 围	精 度 等 级	应 用 范 围	精 度 等 级
测量齿轮	2~5	航空发动机	3~7
汽轮机减速器	3~6	拖拉机	6~10
金属切削机床	3~7	一般用途的减速器	6~9
一般机床	5~8	轧钢设备齿轮	6~10
内燃机与电气机车	6,7	矿山绞车	7~10
轻型汽车	5~8	起重机	7~10
载重汽车	6~9	农业机械	8~11

在机械传动中应用最多的齿轮既传递运动又传递动力,其精度等级与齿轮的圆周线速度密切相关,因此可先计算出齿轮的最高圆周线速度,再参考表 7.7 确定齿轮精度等级。

2. 齿轮副侧隙指标公差值的确定

齿侧间隙是两个配对齿轮啮合后才产生的,对单个齿轮不存在,故只有齿轮副才有侧隙。齿轮传动装置中对侧隙的要求,主要取决于其工作条件和使用要求,与齿轮的精度等级无关。

齿轮副的侧隙在装配后形成,其大小由相配的两个齿轮的齿厚和中心距尺寸决定。设计中采用基中心距制,即对每一精度等级规定一种中心距极限偏差,然后通过计算确定两齿轮的齿厚极限偏差或公法线平均长度极限偏差,使装配后获得所需要的齿轮副侧隙,以满足各种使用要求。

标准规定,齿厚极限偏差在精度表示中是用代号表示的,共有 14 种,依次用字母 C、D、E、F、G、H、J、K、L、M、N、P、R、S 表示。每个代号给出一个偏差值表达式,代表一个数值,如表 7.8 所示,是以齿距极限偏差 f_{pt} 乘上一个系数计算得到,齿距极限偏差绝对值 f_{pt} 是根据该齿轮传动平稳性精度等级通过查表获得。

表 7.8 齿厚极限偏差计算式

C=+1f_{pt}	G=−6f_{pt}	L=−16f_{pt}	R=−40f_{pt}
D=0	H=−8f_{pt}	M=−20f_{pt}	S=−50f_{pt}
E=−2f_{pt}	J=−10f_{pt}	N=−25f_{pt}	
F=−4f_{pt}	K=−12f_{pt}	P=−32f_{pt}	

选择齿厚极限偏差时,应根据对侧隙的需要,从表 7.8 中选择两种代号,分别表示齿厚上偏差和下偏差。例如,若选择齿厚极限偏差的代号为 FL,则表示齿厚的上偏差为 F(−4f_{pt}),下偏差为 L(−16f_{pt}),其形成的齿厚公差带的大小和位置如图 7.47 所示。

3. 齿轮精度的标注

在齿轮零件图上应标注齿轮的精度等级和齿厚极限偏差的字母代号或数值。齿轮的结构尺寸及形式都是根据设计需要并参考有关手册而定的。齿坯公差直接标注在工作图上,齿轮的主要参数(如模数 m_n、齿数 z、压力角 α、螺旋角 β、变位系数 x 等)、精度等级及齿厚极限偏差代号、所选用的公差(或极限偏差)均应列表标注。

齿轮精度等级及齿厚极限偏差代号的标注如下。

(1) 7-6-6(GB 10095—2008):表示齿轮检验项目精度分别为 7 级、6 级、6 级,齿厚上、

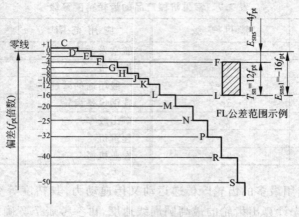

图 7.47　齿厚极限偏差代号

下偏差分别为 G、M。

（2）7FL（GB 10095—2008）：表示齿轮检验项目精度等级相同，则只需标注一个数字 7。

（3）$4\begin{pmatrix} -0.030 \\ -0.495 \end{pmatrix}$（GB 10095—2008）：表示齿轮检验项目精度同为 4 级，齿厚上、下偏差值分别为 -0.330mm，-0.495mm。

齿轮装配图上应标注齿轮副精度等级和齿轮副的极限侧隙。

副 7-6-6 $\begin{pmatrix} +0.338 \\ +0.233 \end{pmatrix}$（GB 10095—2008）：表示齿轮副切向综合误差精度为 7 级，切向一齿综合误差精度为 6 级，接触斑点精度为 6 级，齿轮副最小、最大圆周侧隙分别为 $+0.233$mm 和 $+0.338$mm。

习　　题

7.1　对齿轮传动有哪些使用要求？

7.2　齿轮加工误差产生的原因有哪些？

7.3　齿轮传动中的侧隙有什么作用？用什么指标来控制侧隙？

7.4　齿轮各项误差如何测量？

7.5　什么是齿厚偏差？如何确定齿厚偏差？

7.6　确定齿轮中心距偏差时应该考虑哪些问题？

7.7　齿轮副精度检验项目有哪些？主要控制哪方面的齿轮使用要求？

第8章 尺 寸 链

本章介绍了尺寸链的概念、组成、特点、分类和计算方法,以及如何初步建立尺寸链、用完全互换法解算直线尺寸链。本章涉及以下国家标准内容:

GB/T 5847—2004 尺寸链 计算方法

8.1 尺寸链的基本概念

在机械的设计、制造过程中,普遍存在尺寸链问题,它最初是由机器装配过程发展而形成的。在把零件组装成机器的过程中,也就是将零件上有关的尺寸进行了组合和累积。由于零件尺寸不能制造得绝对准确,或多或少会有误差发生,因此在装配的同时,也就会有误差的累积,累积后形成的总误差将会影响机器的工作性能和质量。这样就形成了零件的尺寸误差和综合误差之间的相互影响关系,由这种相互关系逐渐发展形成了尺寸链基本原理。

后来,尺寸链原理逐步发展,在产品设计、制造、装配调整以及实验和检验等各个生产阶段中,都可应用这一原理对产品质量进行分析。因此,明确尺寸链原理并熟悉掌握尺寸链的分析和计算方法,可以把机器的设计、制造、工艺装备的检查和调整,以及装配实验等各个环节相互联系在一起,采用综合控制误差的措施,有效地达到机器产品的性能指标和精度标准,保证机器的质量。

1. 基本术语

1) 尺寸链

如图 8.1 所示,尺寸链(dimensional chain)是在零件加工或机器装配过程中,由互相联系的尺寸按一定顺序首尾相接组成的封闭尺寸组。

2) 环

组成尺寸链的各个尺寸称为尺寸链的环(link)。环可以分成封闭环和组成环。

3) 封闭环

加工或装配过程中最后自然形成的那个尺寸称为封闭环(closing link),它的实际尺寸受尺寸链其他各环的影响和制约。在图样上,封闭环的尺寸符号右下角加注脚标"0"表示,如图 8.1 中的尺寸 A_0。

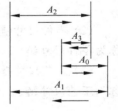

图 8.1 尺寸链

4) 组成环

尺寸链中除封闭环以外的其余环,均称为组成环(component link)。组成环中任一环的变动,必然引起封闭环的变动。在图样上,组成环的尺寸符号右下角应加注阿拉伯数字脚标,数字表示各组成环的序号,如图 8.1 中的尺寸 A_1、A_2 和 A_3。

根据组成环对封闭环的影响,还可将组成环分为增环和减环。

(1) 增环

在其他组成环不变的前提下,若某一组成环的变动引起封闭环同向变动,该类组成环称为增环(increasing link),如图 8.1 中的 A_1 和 A_3。

（2）减环

在其他组成环不变的前提下,若某一组成环的变动引起封闭环的反向变动,该类组成环称为减环(decreasing link),如图 8.1 中的 A_2。

5）补偿环

尺寸链中预先选定某一组成环,可以通过改变其大小或位置,使封闭环达到规定的要求,该组成环为补偿环(compensating link),如图 8.2 中的尺寸 A_2。

2. 尺寸链的特点

尺寸链的主要特点有两方面：其一为封闭性,由有关尺寸首尾相接而形成；其二为关联性,有一个间接保证精度的尺寸,受其他直接保证精度尺寸的支配,彼此间有确定的函数关系。

3. 尺寸链的分类

尺寸链的形式是多种多样的,可按下述特征进行分类。

1）按应用场合划分

（1）装配尺寸链。如图 8.2 和图 8.3 所示,全部组成环为不同零件的设计尺寸所形成的尺寸链称为装配尺寸链。

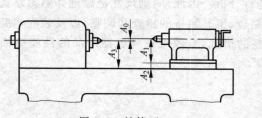
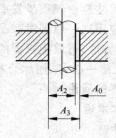

图 8.2　补偿环　　　　　　　　　　　图 8.3　装配尺寸链

（2）零件尺寸链。如图 8.4 所示,全部组成环为同一零件的设计尺寸所形成的尺寸链称为零件尺寸链。

（3）工艺尺寸链。如图 8.5 所示,全部组成环为同一零件的工艺尺寸所形成的尺寸链称为工艺尺寸链。

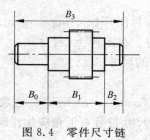
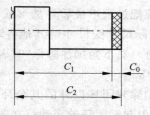

图 8.4　零件尺寸链　　　　　　　　　图 8.5　工艺尺寸链

2）按空间维数划分

（1）直线尺寸链。如图 8.3～图 8.5 所示,全部组成环均平行于封闭环的尺寸链称为直线尺寸链。

（2）平面尺寸链。如图 8.6 所示，全部环位于一个或几个平行平面内，但某些组成环不平行于封闭环的尺寸链称为平面尺寸链。

（3）空间尺寸链。如图 8.7 所示，组成环位于几个不平行的平面内的尺寸链称为空间尺寸链。

尺寸链中，常见的是直线尺寸链，虽然平面尺寸链和空间尺寸链可以用图解法和小位移法求解，但通常都采用坐标投影法将其转换为直线尺寸链求解，故直线尺寸链求解是最基本的方法，本章将只介绍直线尺寸链的计算方法。

3）按几何特征划分

（1）长度尺寸链。如图 8.3～图 8.5 所示，全部环为长度尺寸的尺寸链称为长度尺寸链。

（2）角度尺寸链。如图 8.8 所示，全部环为角度尺寸的尺寸链为角度尺寸链。

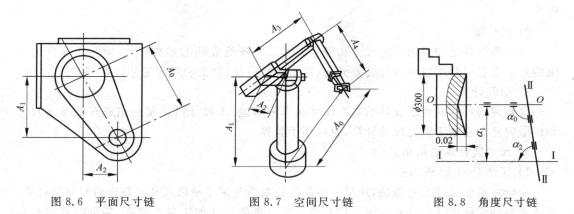

图 8.6　平面尺寸链　　　图 8.7　空间尺寸链　　　图 8.8　角度尺寸链

4）按联系方式划分

（1）基本尺寸链。如图 8.9 所示，由尺寸 β_0、β_1、β_2 和 β_3 组成的尺寸链中，全部组成环皆直接影响封闭环的尺寸链称为基本尺寸链。

（2）派生尺寸链。如图 8.9 所示，尺寸 α_0、α_1、α_2 和 α_3 组成一个尺寸链，该尺寸链的封闭环是另一个尺寸链（β_0、β_1、β_2 和 β_3 组成的尺寸链）的组成环，这种尺寸链称为派生尺寸链。

（3）标量尺寸链。如图 8.1～图 8.5 所示，全部组成环为标量尺寸的尺寸链称为标量尺寸链。

（4）矢量尺寸链。如图 8.10 所示，全部组成环为矢量尺寸的尺寸链称为矢量尺寸链。

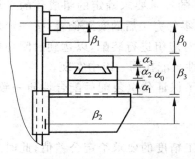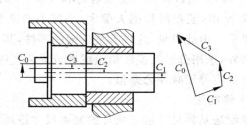

图 8.9　基本尺寸链和派生尺寸链　　　图 8.10　矢量尺寸链

8.2　尺寸链的计算方法

1. 尺寸链计算的目的

尺寸链计算的目的是通过计算,正确合理地确定尺寸链中封闭环与各个组成环的基本尺寸、公差和极限偏差之间的关系。

2. 尺寸链计算的类型

根据不同要求,尺寸链计算可分为以下三种类型。

1) 正计算

正计算是根据已给定的组成环的尺寸和极限偏差,计算封闭环的尺寸和极限偏差,它是一种校核计算,验算所设计的产品能否满足性能要求及零件加工后能否满足零件的技术要求。

2) 反计算

反计算就是已知封闭环的尺寸和极限偏差以及各组成环的基本尺寸,求各组成环的极限偏差。它是对各组成环进行公差分配,用于产品设计、加工和装配工艺计算等方面。

3) 中间计算

已知封闭环和其他组成环的基本尺寸和极限偏差,求尺寸链中某一组成环的基本尺寸和极限偏差。它用于工艺尺寸计算,也可用于验算。

3. 尺寸链计算的常用方法

1) 完全互换法(极值法)

完全互换法又称为极值法,从尺寸链各环的最大与最小极限尺寸出发进行尺寸链计算,不考虑各环实际尺寸的分布情况。按此法计算出来的尺寸加工各组成环,装配时各组成环不需选择或辅助加工,装配后即能满足封闭环的公差要求,即可实现完全互换。完全互换法是尺寸链计算中最基本的方法。

2) 大数互换法(概率法)

该法是以保证大数互换为出发点的。生产实践和大量统计资料表明,在大量生产且工艺过程稳定的情况下,各组成环的实际尺寸趋近公差带中间的概率大,出现在极限值的概率小。采用大数互换法,不是在全部产品中,而是在绝大多数产品中,装配时不需要挑选或修配,就能满足封闭环的公差要求,即保证大数互换。

3) 分组互换法

分组互换法即分组装配法,其做法是将按封闭环的技术要求确定的组成环的平均公差扩大 N 倍,使组成环加工更加容易和经济,然后根据零件完工后的实际偏差,按一定尺寸间隔分成 N 组,装配时根据大配大、小配小的原则,按对应组进行装配,以达到封闭环规定的技术要求。由此可见,这种方法装配的零件,其互换性只能在同一组中实现。

另外,采用分组互换法给组成环分配公差时,为了保证分组装配后配合性质一致,其增环公差值应等于减环公差值。

4) 修配法

修配法是将尺寸链组成环的基本尺寸按经济加工精度的要求给定公差值,此时封闭环的公差值比技术条件要求的值有所扩大。为了保证封闭环的技术条件,在装配时预先选定某一组成环作为补偿环,用切去补偿环部分材料的方法,使封闭环达到规定的技术要求。在选择补偿环时,应注意使该环在拆装和修配时比较容易,以提高生产率和发挥更大的经济效益。很明显,尺寸链中的公共环不宜选做补偿环,这是因为按一个尺寸链的要求修配该环时,该环的尺寸变化将影响另一尺寸链。

5)调整法

调整法是将尺寸链组成环的基本尺寸按经济加工精度的要求给定公差值,此时封闭环的公差值比技术条件要求的值有所扩大,为了保证封闭环的技术条件,在装配时预先选定某一组成环作为补偿环。此时,不是采用切去补偿环材料的方法使封闭环达到规定的技术要求,而是用调整补偿环的尺寸或位置来实现这一目的。

4. 完全互换法解尺寸链

1)基本公式

设尺寸链的总环数为 n,组成环个数为 $n-1$,增环环数为 m,A_0 为封闭环的基本尺寸,A_z 为增环的基本尺寸,A_j 为减环的基本尺寸,$A_{0\max}$ 为封闭环的最大极限尺寸,$A_{0\min}$ 为封闭环的最小极限尺寸,$A_{z\max}$ 为增环的最大极限尺寸,$A_{z\min}$ 为增环的最小极限尺寸,$A_{j\max}$ 为减环的最大极限尺寸,$A_{j\min}$ 为减环的最小极限尺寸,ES_0 为封闭环的上偏差,EI_0 为封闭环的下偏差,ES_z 为增环的上偏差,EI_z 为增环的下偏差,ES_j 为减环的上偏差,EI_j 为减环的下偏差,T_0 为封闭环公差,T_i 为组成环公差,则对于直线尺寸链有如下公式。

(1)封闭环的基本尺寸

封闭环的基本尺寸等于所有增环的基本尺寸的和,减去所有减环的基本尺寸的和。

$$A_0 = \sum_{z=1}^{m} A_z - \sum_{j=m+1}^{n-1} A_j \tag{8.1}$$

(2)封闭环的极限尺寸

封闭环的最大极限尺寸等于所有增环的最大极限尺寸的和,减去所有减环最小极限尺寸的和;封闭环的最小极限尺寸等于所有增环的最小极限尺寸的和,减去所有减环的最大极限尺寸的和。即

$$A_{0\max} = \sum_{z=1}^{m} A_{z\max} - \sum_{j=m+1}^{n-1} A_{j\min} \tag{8.2}$$

$$A_{0\min} = \sum_{z=1}^{m} A_{z\min} - \sum_{j=m+1}^{n-1} A_{j\max} \tag{8.3}$$

(3)封闭环的极限偏差

封闭环的上偏差等于所有增环的上偏差的和,减去所有减环的下偏差的和;封闭环的下偏差等于所有增环的下偏差的和,减去所有减环的上偏差的和。

$$\mathrm{ES}_0 = \sum_{z=1}^{m} \mathrm{ES}_z + \sum_{j=m+1}^{n-1} \mathrm{EI}_j \tag{8.4}$$

$$\mathrm{EI}_0 = \sum_{z=1}^{m} \mathrm{EI}_z - \sum_{j=m+1}^{n-1} \mathrm{ES}_j \tag{8.5}$$

(4)封闭环的公差

封闭环的公差值等于所有组成环公差值的和。

$$T_0 = \sum_{i=1}^{n-1} T_i \tag{8.6}$$

2)尺寸链的计算步骤

为了保证机器设备的设计要求以及装配过程中零部件的互换性,必须对有关的尺寸进行分析计算,进行必要的精度设计。为此,需要首先从中找出相互联系的尺寸,建立尺寸链。尺寸链的计算步骤如下。

(1)绘制尺寸链图

绘制尺寸链图时,可利用尺寸链的封闭性,先由封闭环的一侧出发,循序寻找并画出各组成环,直到最后回到封闭环的另一侧为止。

(2)确定封闭环

封闭环是在装配或加工过程中最后形成的一环,它的尺寸和极限偏差取决于各组成环的尺寸和极限偏差,在进行尺寸链的计算时,首先要确定封闭环。按照尺寸链的种类,封闭环的确定方法如下。

① 装配尺寸链

装配尺寸链的封闭环,往往代表产品的技术规范或装配要求,是机器或部件上有装配精度要求的尺寸,例如图 8.3 中的孔与轴之间形成的间隙 A_0。

② 零件尺寸链

零件尺寸链的封闭环为被加工零件加工完成后最后形成的尺寸。例如图 8.4 中的 B_0,它应为公差等级要求最低的环。一般在零件图上不进行标注,以免在加工中引起混乱。

③ 工艺尺寸链

工艺尺寸链的封闭环为工艺过程需要的余量尺寸。例如图 8.5 中的尺寸 C_0。

显然,零件尺寸链和工艺尺寸链中,封闭环必须在加工顺序确定之后才能确定,加工顺序改变,封闭环也随之改变。例如图 8.4 中的齿轮轴,若分别加工轴向尺寸 B_1、B_2 和 B_0,则尺寸 B_3 是最后形成的,即尺寸 B_3 成为封闭环。

(3)寻找组成环

组成环是对封闭环有直接影响的那些尺寸,与此无关的其他尺寸不能列入尺寸链。同一个结构的尺寸链,若画出不同尺寸链,应是组成环环数最少的一个尺寸链才是正确的。故在寻找组成环时,应首先将与封闭环无关或无直接影响的尺寸排除。

绘制尺寸链图时,先找出与封闭环一侧相邻的零件尺寸,然后再找出与该尺寸相邻的第二个零件尺寸,这样依次查出各个相邻并直接影响封闭环变动的全部尺寸,直至最后一个尺寸与封闭环另一侧相接,形成封闭的尺寸组。

例如,如图 8.2 所示,车床床头箱主轴轴线与尾架顶尖轴轴线高度差的允许值 A_0 是装配技术要求,应为封闭环。从尾架顶尖处开始查找,有:尾架顶尖轴线到尾架底面的高度 A_1、导轨面之间的垫块厚度 A_2、与床身导轨面相接的主轴箱底平面到主轴旋转轴线的高度 A_3,最后回到封闭环,各组成环与封闭环形成封闭的尺寸组。

组成环确定后,需要确定增环和减环,确定方法有定义法和箭头法两种。

① 定义法

按照增环和减环的定义,当组成环尺寸增大(或减小),而其他组成环不变时,封闭环也随之增大(或减小),该组成环为增环。当组成环尺寸增大(或减小),而其他组成环不变时,封闭环的尺寸却随之减小(或增大),该组成环为减环。

② 箭头法

用箭头从封闭环的任意一侧出发依次开始标示,箭头方向都是从该侧出发指向下一尺寸。在画箭头过程中,遇到尺寸界线或尺寸基准就改变箭头的方向,直到回到封闭环的另一侧为止就构成了一个封闭的尺寸链。那么,凡是箭头方向与封闭环同向变动的组成环是减环,与封闭环反向变动的组成环是增环。如图 8.11 所示,A_2 和 B_3 是增环,A_1、B_1 和 B_2 是减环。

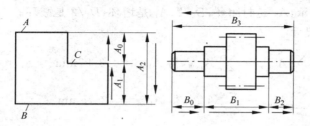

图 8.11 箭头法确定增减环

（4）计算尺寸链

根据公式(8.1)~公式(8.6)计算未知环的基本尺寸、极限偏差和极限尺寸。

例 8.1 如图 8.12 所示的结构,已知各零件的尺寸:$A_1 = 30_{-0.13}^{0}$ mm,$A_2 = A_5 = 5_{-0.075}^{0}$ mm,$A_3 = 43_{+0.02}^{+0.18}$ mm,$A_4 = 3_{-0.04}^{0}$ mm,试求 A_0 的基本尺寸和极限偏差。

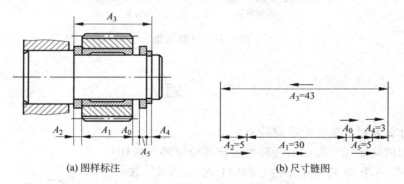

(a) 图样标注   (b) 尺寸链图

图 8.12 齿轮端面与挡环轴向间隙要求

解：

（1）绘制尺寸链图

A_0 为封闭环,画出尺寸链图,如图 8.12(b)所示。图中 A_3 是增环,A_1、A_2、A_4、A_5 是减环。

（2）封闭环的基本尺寸

由公式 $A_0 = \sum_{z=1}^{m} A_z - \sum_{j=m+1}^{n-1} A_j$,得 $A_0 = 0$

（3）封闭环的极限偏差

由公式 $\mathrm{ES}_0 = \sum_{z=1}^{m} \mathrm{ES}_z - \sum_{j=m+1}^{n-1} \mathrm{EI}_j$,得 $\mathrm{es}_0 = +0.50$mm

由公式 $\mathrm{EI}_0 = \sum_{z=1}^{m} \mathrm{EI}_z - \sum_{j=m+1}^{n-1} \mathrm{ES}_j$,得 $\mathrm{ei}_0 = +0.02$mm

例 8.2　如图 8.13 所示,孔铣键槽加工过程如下：①拉内孔至 $D_1 = \phi 40^{+0.1}_{0}$mm；②插键槽,保证尺寸 A_1；③热处理；④磨内孔至 $D_2 = \phi 40.6^{+0.06}_{0}$mm,同时保证尺寸 $A_2 = 44^{+0.3}_{0}$mm。试确定尺寸 A_1 的极限尺寸。

解：

(1) 绘制尺寸链图

如图 8.13(b)所示,A_2 是封闭环,$D_2/2$、A_1 是增环,$D_1/2$ 是减环。

(2) A_1 的极限尺寸

由公式 $A_{0\max} = \sum\limits_{z=1}^{m} A_{z\max} - \sum\limits_{j=m+1}^{n-1} A_{j\min}$,得 $A_{1\max} = 43.97$mm

由公式 $A_{0\min} = \sum\limits_{z=1}^{m} A_{z\min} - \sum\limits_{j=m+1}^{n-1} A_{j\max}$,得 $A_{1\min} = 43.75$mm

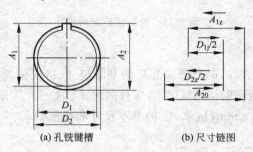

(a) 孔铣键槽　　　　　(b) 尺寸链图

图 8.13　孔铣键槽

习　题

8.1　什么是尺寸链？它有何特点？

8.2　如何确定尺寸链的封闭环？怎样区分增环与减环？

8.3　有一个套筒零件,按 $\phi 65$h11 加工外圆,按 $\phi 50$H11 加工内孔。求壁厚 t 的基本尺寸与极限偏差。

8.4　某轴需要镀铬,镀层厚度为$(15 \pm 2)\mu$m,镀铬后与孔形成的配合为$\phi 75 \dfrac{\mathrm{H8}}{\mathrm{f7}}$,问轴在镀铬前应加工的极限尺寸为多少？

8.5　某一圆盘形零件的图注要求如图 8.14 所示。加工顺序为：先车外圆 $A_1 = \phi 120^{0}_{-0.064}$,再镗孔 $A_2 = \phi 20^{+0.033}_{0}$,要求保证尺寸 $A_3 = (40 \pm 0.08)$mm,试计算尺寸 A 的基本尺寸和极限偏差。

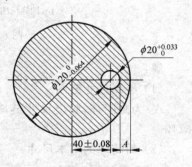

图 8.14　圆盘形零件

参考文献

[1]　柏永新,戴纬经.渐开线圆柱齿轮精度[M].西安:陕西科学技术出版社,1988.

[2]　陈隆德,赵福令.机械精度设计与检测技术[M].北京:机械工业出版社,2001.

[3]　甘永力,陈晓华.机械设计精度基础[M].长春:吉林人民出版社,2005.

[4]　韩进宏.互换性与技术测量[M].北京:机械工业出版社,2004.

[5]　何贡.互换性与测量技术[M].北京:中国计量出版社,2000.

[6]　黄镇昌.互换性与测量技术[M].广州:华南理工大学出版社,2009.

[7]　景旭文.互换性与测量技术基础[M].北京:中国标准出版社,2002.

[8]　李彩霞.机械精度设计与检测技术[M].上海:上海交通大学出版社,2004.

[9]　李柱,徐振高,蒋向前.互换性与测量技术——几何产品技术规范与认证 GPS[M].北京:高等教育出版社,2004.

[10]　廖念钊,等.互换性与技术测量[M].5 版.北京:中国计量出版社,2007.

[11]　刘品,刘丽华.互换性与测量技术基础(修订版)[M].哈尔滨:哈尔滨工业大学出版社,2001.

[12]　吕天玉,张柏军.公差配合与测量技术[M].4 版.大连:大连理工大学出版社,2012.

[13]　毛平淮.互换性与测量技术基础[M].2 版.北京:机械工业出版社,2011.

[14]　毛友新.机械设计基础[M].武汉:华中科技大学出版社,2012.

[15]　庞学慧,武文革,成云平.互换性与测量技术基础[M].北京:国防工业出版社,2007.

[16]　孙桓,陈作模,葛文杰.机械原理 [M].8 版.北京:高等教育出版社,2013.

[17]　孙玉琴,孟兆新.机械精度设计基础[M].北京:科学出版社,2003.

[18]　魏斯亮,李时骏.互换性与技术测量[M].3 版.北京:北京理工大学出版社,2014.

[19]　谢铁邦,李柱,席宏卓.互换性与技术测量[M].3 版.武汉:华中理工大学出版社,1998.

[20]　邢闽芳.互换性与技术测量[M].3 版.北京:清华大学出版社,2017.

[21]　郑建忠.互换性与测量技术[M].杭州:浙江大学出版社,2004.

[22]　周兆元,李翔英.互换性与测量技术基础[M].3 版.北京:机械工业出版社,2011.

[23]　张秀娟.互换性与测量技术基础[M].北京:清华大学出版社,2013.